京未来城市设计高精尖创新中心项目（编号：UDC2016020100）
家自然科学基金项目（批准号：52178028；51478439）
国城市规划设计研究院科技创新基金重点项目（编号：C-201701）

城市规划历史与理论丛书

城·事·人

CITIES, PLANNING ACTIVITIES AND WITNESSES

城 市 规 划 前 辈 访 谈 录

INTERVIEWS WITH SENIOR EXPERTS OF URBAN PLANNING

（第八辑）

李 浩 傅舒兰 访 问 / 整 理

中国建筑工业出版社

图书在版编目（CIP）数据

城 · 事 · 人：城市规划前辈访谈录＝CITIES,
PLANNING ACTIVITIES AND WITNESSES: INTERVIEWS WITH
SENIOR EXPERTS OF URBAN PLANNING. 第八辑／李浩,
傅舒兰访问、整理 . —北京：中国建筑工业出版社,
2021.12
（城市规划历史与理论丛书）
ISBN 978-7-112-26545-9

Ⅰ.①城… Ⅱ.①李… ②傅… Ⅲ.①城市规划—城
市史—中国 Ⅳ.① TU984.2

中国版本图书馆CIP数据核字（2021）第187990号

本访谈录是城市规划史研究者访问城市规划老专家的谈话实录，谈话内容围绕中国
当代城市规划重点工作而展开，包含城、事、人等三大类，对 70 多年来我国城市规划
发展的各项议题也有较广泛的讨论。通过亲历者的口述，生动再现了中国当代城市规划
工作起源与发展的曲折历程，极具鲜活性、珍贵性、稀缺性及学术价值，是极为难得的
专业性口述史作品。

本访谈录按照老专家的年龄排序，分辑出版。本书为第八辑，共收录孙栋家、王有
智、包海涵、张友良、沈远翔、李桓和葛维瑛 7 位前辈的 6 次谈话。

责任编辑：李　鸽　柳　冉
责任校对：赵　菲

城市规划历史与理论丛书
城 · 事 · 人
城市规划前辈访谈录（第八辑）
CITIES, PLANNING ACTIVITIES AND WITNESSES:
INTERVIEWS WITH SENIOR EXPERTS OF URBAN PLANNING
李　浩　傅舒兰　访问／整理
＊
中国建筑工业出版社出版、发行（北京海淀三里河路 9 号）
各地新华书店、建筑书店经销
北京方舟正佳图文设计有限公司制版
天津图文方嘉印刷有限公司印刷
＊
开本：880 毫米 ×1230 毫米　1/16　印张：13½　字数：286 千字
2021 年 12 月第一版　2021 年 12 月第一次印刷
定价：**95.00 元**
ISBN 978-7-112-26545-9
　　　　（38105）

序

清代学者龚自珍曾云："欲知大道，必先为史"，"灭人之国，必先去其史"[①]。以史为鉴，"察盛衰之理，审权势之宜"[②]，"嘉善矜恶，取是舍非"[③]，从来都是一种人文精神，也是经世济用的正途要术。新中国的缔造者毛泽东同志，在青年求学时期就曾说过："读史，是智慧的事"[④]。习近平总书记也告诫我们："历史是人类最好的老师。""观察历史的中国是观察当代的中国的一个重要角度"[⑤]。由于城市工作的复杂性、城市发展的长期性、城市建设的系统性，历史研究对城市规划工作及学科发展显得尤为重要。

然而，当我们聚焦于城市规划学科，感受到的却是深深的忧虑。因为一直以来，城市规划的历史与理论研究相当薄弱，远远不能适应当今学科发展的内在要求；与当前规划工作联系最为紧密的新中国城市规划史，更是如此。中国虽然拥有历史悠久、类型多样、极为丰富的规划实践，但却长期以西方规划理论为主导话语体系。在此情况下，李浩同志伏案数年，严谨考证而撰著的《八大重点城市规划——新中国成立初期的城市规划历史研究》于2016年出版后，立刻在城市规划界引发极大反响。2017年，该书的相关成果"城·事·人"系列访谈录先后出版了5辑，再次引起轰动。现在，随着李浩同志的规划史研究工作的推进，访谈录的最新几辑又要出版了，作为一名对中国历史和传统文化有着浓厚兴趣的城市规划师，我有幸先睹为快，感慨良多，并乐意为之推荐。

历史，有着不同的表现形式，口述为其重要表现形式之一。被奉为中国文化经典的《论语》，就并非孔子所撰写，而是他应答弟子、弟子接闻、转述等的口述作品。与孔子处于同一时代的一些西方哲学家，如希腊的苏格拉底等，情形也大致相似。目前可知

---

① 出自龚自珍著《定庵续集》。
② 出自贾谊著《过秦论》。
③ 出自司马光著《资治通鉴》。
④ 1920年12月1日，毛泽东致好友蔡和森等人的书信。
⑤ 2015年8月23日，习近平致第二十二届国际历史科学大会的贺信。

的人类远古文明，大多都是口口相传的一些故事。也可以说，口述是历史学的最初形态。近些年来，国内外正在迅速兴起口述历史的热潮，但城市规划方面的口述作品，尚较罕见。"城·事·人"系列访谈录，堪称该领域具有探索性、开创性的重大成果。

读罢全书，我的突出感受有三个方面。

第一，这是一段鲜为人知，不可不读的历史。一大批新中国第一代城市规划工作者和规划前辈，以娓娓道来的访谈方式，向我们讲述了参与新中国建设并投身城市规划工作的时代背景、工作经历、重要事件、历史人物及其突出贡献等，集中展现了一大批规划前辈的专业回顾与心路历程，揭开了关于新中国城市规划工作起源、初创和发展的许多历史谜团，澄清了大量重要史实。这些林林总总的细节与内情，即便对于我们这些已有 30 多年工作经历的规划师而言，很多也都是闻所未闻的。"城·事·人"系列访谈录极具鲜活性与稀缺性。

第二，这还是一段极富价值，引人深思的历史。与一般口述历史作品截然不同，本书的访谈是由规划史研究者发起的，访谈主题紧扣新中国城市规划发展史，访谈内容极具深度与学术价值。关于计划经济时期和借鉴苏联经验条件下的城市规划工作，历来都是学术界认知模糊并多有误解之疑难所在，各位前辈对此问题进行了相当全面的回顾、解读与反思，将有助于更加完整、客观、立体地建构新中国城市规划发展史的认识框架，这是"城·事·人"系列访谈录的一大亮点。不仅如此，各位老前辈在谈话中还提出了不少重要的科学命题，或别具一格的视角与认知，这对于深化关于城市规划工作内在本质的认识具有独特科学价值，对于当前我们正在推进的各项规划改革也有着重要的启迪意义。

第三，这更是一段感人肺腑，乃至催人泪下的历史。老一辈城市规划工作者，有的并非城市规划专业的教育背景，面对国家建设的紧迫需要，响应国家号召，毫无怨言地投身城市规划事业，乃至提前毕业参加工作，在"一穷二白"的时代条件下，在苏联专家的指导下，"从零起步"，开始城市规划工作的艰难探索。正是他们的辛勤努力和艰苦奋斗，开创了新中国城市规划事业的基业。然而，在各位前辈实际工作的过程中，他们一腔热血、激情燃烧的奉献与付出，与之回应的却是接连不断的"冷遇"：从 1955 年的"反浪费"①，到 1957 年的"反四过"②，从 1960 年的"三年不搞城市规划"，到 1964 年城市规划研究院③被撤销，再到 1966 年"文化大革命"开始后城市规划工作全面停滞……一个又一个的沉重打击，足以令人心灰意冷。更有不少前辈自 1960 年代便经历频繁的下放劳动或工作调动，有的甚至转行而离开了城市规划行业。当改革开放后城

---

① 即 1955 年的"增产节约运动"，重点针对建筑领域，城市规划工作也多有涉及。
② 反对规模过大、占地过多、标准过高、求新过急等"四过"。
③ 中国城市规划设计研究院的前身，1954 年 10 月成立时为"城市设计院"（当时属建筑工程部城市建设总局领导），1963 年 1 月改称"城市规划研究院"。

市规划步入繁荣发展的新时期，他们却已逐渐退出了历史的舞台，而未曾分享有偿收费改革等的"红利"。时至今日，他们成为一个"被遗忘"的特殊群体，并因年事已高等原因而饱受疾病的煎熬，甚至部分前辈已经辞世……这些，更加凸显了"城·事·人"系列访谈录的珍贵性、抢救性和唯一性。

可以讲，"城·事·人"系列访谈录是我们走近、感知老一辈城市规划工作者奋斗历程的"活史料"，是我们学习、研究新中国城市规划发展历史的"活化石"，是对当代城市规划工作者进行人生观、世界观和价值观教育的"活教材"！任何有志于城市规划事业或关心城市工作的人士，都值得加以认真品读。

在这里，要衷心感谢各位前辈对此项工作的倾力支持，使我们能够聆听到中国城市规划史的许多精彩内容！并感谢李浩同志的辛勤访问和认真整理！期待有更多的机构和人士，共同关心或支持城市规划的历史理论研究，积极参与城市规划口述历史工作，推动城市规划学科的不断发展与进步。

杨保军

二〇二〇年十二月三十日

杨保军，博士，全国工程勘察设计大师，住房和城乡建设部总经济师

前言

中国现代城市规划史研究的一个重要特点，即不少规划项目、活动或事件的历史当事人仍然健在，这使得规划史研究工作颇为敏感，涉及有关历史人物的叙述和讨论，必须慎之又慎。另一方面，这也恰恰为史学研究提供了诸多有利条件，特别是通过历史见证人的陈述，能够弥补纯文献研究之不足，以便解开诸多的历史谜团，与古代史或近代史相比，此乃现代史研究工作的特色鲜明之处。

以此认识为基础，前些年在对新中国成立初期八大重点城市规划历史研究的过程中，笔者曾投入了大量时间与精力，拜访了一大批数十年前从事城市规划工作的老专家。这项工作的开展，实际上也发挥了多方面的积极作用：通过老专家的访谈与口述，对有关规划档案与历史文献进行了校核、检验，乃至辨伪；老专家所提供的一些历史照片、工作日记和文件资料等，对规划档案起到了补充和丰富的作用；老专家谈话中不乏一些生动有趣的话题，使历史研究不再是枯燥乏味之事；对于城市规划工作过程中所经历的一些波折，一些重要人物的特殊贡献等，只有通过老专家访谈才能深入了解；等等。更为重要的是，通过历史当事人的参与解读和讨论，通过一系列学术或非学术信息的供给，生动再现出关于城市规划发展的"历史境域"，可以显著增强历史研究者的历史观念或历史意识，有助于对有关历史问题的更深度理解，其实际贡献是不可估量的。

因而，笔者在实际研究过程中深刻认识到，对于中国现代城市规划史研究而言，老专家访谈是一项必不可缺的关键工作，它能提供普通文献档案所不能替代的、第一手的鲜活史料，为历史研究贡献出"二重证据"乃至"多重证据"。所谓老专家访谈，当然不是要取代档案研究，而是要与档案研究互动，相互印证，互为支撑，从而推动历史研究走向准确、完整、鲜活与生动。

2017年，笔者首次整理出版了"城·事·人"访谈录共5辑，受到规划界同仁的较多关注和好评。近几年来，笔者以"苏联专家对中国城市规划的技术援助"为主题继续推进城市规划史研究，在此过程中一并继续推进老专家访谈工作，目前又已完成一批访谈成果，经老专家审阅和授权，特予分批出版（图1）。

图 1 老专家对谈话文字稿的审阅和授权（部分）

在本阶段的工作中，对老专家谈话的整理仍然遵循三项基本原则，即如实反映、适当编辑和斟酌精简，前5辑"城·事·人"访谈录中已有详细说明，这里不予赘述。关于访谈对象，主要基于中国现代城市规划历史研究的学术研究目的而选择和邀请，本阶段拜访的老专家主要是对苏联专家援助中国城市规划工作情况较为了解的一些规划前辈；由于前5辑"城·事·人"的访谈对象以在规划设计单位工作的老专家居多，近年来适当增加了一些代表性高校或研究机构的规划学者；由于笔者关于苏联规划专家技术援助活动的研究是以北京为重点案例，因而对北京规划系统的一些老专家进行了特别的重点访谈。

为便于读者阅读，最新完成的几辑访谈录依不同主题作了相对集中的编排，每辑则仍按各位老专家的年龄排序。本书为第八辑，共收录孙栋家、王有智、包海涵、张友良、沈远翔、李桓和葛维瑛7位前辈的6次谈话。在本辑工作中，笔者有幸邀请到日本东京大学博士、浙江大学副教授傅舒兰合作完成，我们的具体分工是：前期访谈策划、现场访问、摄像以及录音、速记等工作主要由笔者负责，并邀请傅教授一同参与；后续访谈稿的整理以及与前辈的联络等主要由傅教授负责，笔者适当参与①。这样，既能发挥笔者在老专家访谈方面的经验，以及对中国当代城市规划史的知识积累，也能够发挥傅教授与本地老专家联络的便利，以及对杭州规划历史的较深入了解，工作效率得以极大提高。

本书部分内容是笔者在中国城市规划设计研究院工作期间完成的，院领导和许多同事为研究提供了大力支持，徐美静同志给予了协助，在此致以衷心感谢。同时感谢杨保军老总为本书撰写了新的序言，感谢北京建筑大学对本书出版的经费资助，感谢中国建

---

① 张友良先生 2018 年 8 月 9 日谈话由笔者（李浩）整理。

筑工业出版社李鸽和柳冉编辑的精心策划与编辑。

在此，要特别声明，本访谈录以反映老专家本人的学术观点为基本宗旨，书中凡涉及有关事件、人物或机构的讨论和评价等内容，均不代表老专家或访问整理者所在单位的立场或观点。

口述历史的兴起，是当代史学发展的重要趋向，越来越多的人开始关注口述历史、电视、网络或报刊上纷纷掀起形式多样的口述史热潮，图书出版界也出现了"口述史一枝独秀"的新格局[1]。不过，从既有成果来看，较多属于近现代史学、社会学或传媒领域，专业性的口述史仍属少见。本访谈录作为将口述史方法应用于城市规划史研究领域的一项探索，具有专业性口述史的内在属性，并表现出如下两方面的特点：一是以大量历史档案的查阅为基础，并与之互动。各位老专家在正式谈话前进行了较充分的酝酿，在谈话文字稿出来后又进行了认真的审阅和校对；各个环节均由规划史研究人员亲力亲为，融入了大量史料查阅与研究工作。二是老专家为数众多，且紧紧围绕相近的中心议题谈话，访谈目的比较明确，谈话内容较为深入。各位老专家以不同视角进行谈话，互为补充，使访谈录在整体上表现出相当的丰满度。

有关学者曾指出："口述史学能否真正推动史学的革命性进步，取决于口述史的科学性与规模。"如果"口述成果缺乏科学性，无以反映真实的历史，只可当成讲故事；规模不大，无力反映历史的丰富内涵，就达不到为社会史提供丰富材料的目的"[2]。若以此标准而论，本访谈录似乎是合格的。但是，究竟能否称得上口述史之佳作，还要由广大读者来评判[3]。

不难理解，口述历史是一项十分繁琐、复杂的工作，个人的力量有限，而当代口述史工作又极具其抢救性的色彩。因此，迫切需要有关机构或单位引起高度重视，发挥组织的力量来推动此项事业的蓬勃发展。真诚呼吁并期待有更多的有志之士共同参与[4]。

李 浩

2020 年 12 月 31 日

于北京建筑大学

---

[1] 周新国. 中国大陆口述历史的兴起与发展态势 [J]. 江苏社会科学, 2013(4):189–194.

[2] 朱志敏. 口述史学能否引发史学革命 [J]. 新视野, 2006(1):50–52.

[3] 毫无疑问，口述历史可以有不同的表现形态。就本访谈录而论，相对于访谈现场原汁原味的原始谈话而言，书中的有关内容已经过一系列的整理、遴选和加工处理，因而具有了一定的"口述作品"性质。与之对应，原始的谈话记录及其有关录音、录像文件则可称之为"口述史料"。然而，如果从专业性口述史工作的更高目标来看，本访谈录在很大程度上仍然是史料性的，因为各位老专家对某些相近主题的口述与谈话，仍然是一种比较零散的表现方式，未作进一步的归类解读。目前，笔者关于新中国规划史的研究工作刚开始起步，在后续的研究工作过程中，仍将针对各不相同的研究任务，持续开展相应的口述历史工作。可以设想，在不远的未来，当有关新中国城市规划史各时期、各类型的口述史成果积累到一定丰富程度的时候，也完全可以按照访谈内容的不同，将有关谈话分主题作相对集中的分析、比较、解读和讨论，从而形成另一份风格截然不同的、综述、研究性的"新中国城市规划口述史"。

[4] 对本书的意见和建议敬请反馈至：jianzu50@163.com

总目录

第七辑

第八辑

第九辑

目录

序

前言

总目录

孙栋家、王有智先生访谈

杭州搞城市规划还是比较早的。杭州规划这个说来话长了，
解放初期，苏联专家穆欣来的时候，就提出杭州是休疗养城
市。这么一说，杭州就搞了休疗养院，把西湖风景区里面有
些好的地占了。后来觉得这个不对，杭州是全国人民的杭州，
不是哪一个的。这样的话，后来就改过来了。

（拍摄于 2017 年 10 月 09 日）

专家简历

孙栋家，1929 年 8 月生，四川自贡人。

1950 年考入同济大学土木系道路专业，1952 年院系调整后转入建筑系都市建筑与经营专业。

1953 年 9 月提前毕业，分配到建筑工程部城市建设局工作。

1954—1964 年，在建筑工程部 / 国家城市建设总局 / 城市建设部 / 国家计委城市设计院（城市规划研究院）工作。

1964—1965 年，在国家建委城市规划局工作。

1966—1973 年，在西南工业建筑设计院（成都）工作。

1974—1980 年，在杭州市建设局工作，期间作为全国专家工作组成员参与天津市震后重建规划工作半年时间。

1982 年起，在杭州市规划局工作，曾任局总工程师室主任。

1991 年退休。

"一五"时期，曾参与长春、太原等城市以及北戴河休养区的规划设计工作，并担任太原规划组副组长、北戴河规划组组长等。

（拍摄于 2017 年 10 月 09 日）

王有智

专家简历

王有智，1930 年 9 月生，山西榆次人。

1951—1952 年在唐山交通大学学习，1952—1954 年在天津大学建筑系学习。

1954 年 9 月毕业后，分配到建筑工程部城市建设局工作。

1954—1964 年，在建筑工程部 / 国家城市建设总局 / 城市建设部 / 国家计委城市设计院（城市规划研究院）工作。

1964—1965 年，在太原参与"四清"运动。

1966—1973 年，在四川渡口（攀枝花）支援"大三线"建设。

1974 年起，在杭州建设局工作，期间作为全国专家工作组成员参与天津规划工作半年时间。

1988 年退休。

"一五"时期，曾参与呼和浩特、侯马等城市以及北戴河休养区的规划设计工作。

2017 年 10 月 9 日谈话

访谈时间：2017 年 10 月 9 日上午

访谈地点：浙江省杭州市之江路转塘家园孙栋家和王有智先生家中

谈话背景：《八大重点城市规划》与《城·事·人》（第一至第五辑）出版后，于 2017 年
         8 月中旬寄呈孙栋家、王有智先生。两位先生阅读后，与访问者进行了本次谈话。

整理时间：2017 年 10—12 月，于 2017 年 12 月 26 日完成初稿

审阅情况：孙栋家、王有智先生于 2018 年 3 月 27 日初步审阅修改，5 月 30 日二次审
         阅修改，7 月 5 日定稿并授权出版

（注：本稿前半部分以孙栋家先生的访谈为主，后半部分以王有智先生的访谈为主）

一、孙栋家先生的家庭出身与教育背景

孙栋家：我是四川自贡人，出生于 1929 年 8 月 29 日（图 1-1）。我父亲叫孙瑜，是电
影导演。他导演的比较有名的电影是《大路》《武训传》，其中的插曲《大路歌》
是与聂耳合作的，他和聂耳很熟。我父亲是清华毕业的，他英文特别好，中文
说话口吃。他导演的电影《武训传》（图 1-2），主演是赵丹，1950 年拍好，
1951 年就受到了批判，因为其中武训讨饭的情节，被批判说这个电影是污蔑农
民革命斗争，否定武装斗争。

王有智：孙栋家父亲与周恩来总理是同学，南开中学的。后来进了清华学堂①，通过庚子
赔款去美国留学。当时是集体坐船到美国去，有一张很大的照片，在美国威尔森

---

① 1901 年，中国和 11 个国家签订《辛丑条约》，条约规定中国从海关银等关税中拿出 4.5 亿两白银赔偿各国，这笔
钱史称"庚子赔款"。1908 年 7 月，美国驻华公使柔克义向中国政府正式声明，将美国所得"庚子赔款"的半数
退还给中国，作为资助留美学生之用。

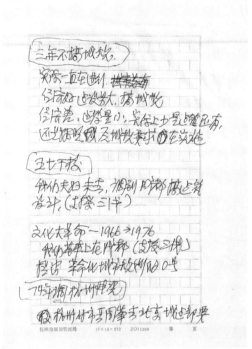
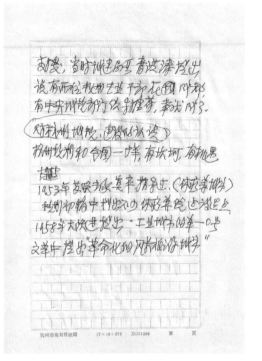

图1-1 孙栋家先生访谈提纲手稿（部分）
资料来源：孙栋家提供。

图1-2 电影《武训传》拍摄现场（1950年）
注：孙瑜（左3，孙栋家的父亲）、孙栋光（小演员，孙瑜之子，孙栋家的三弟，前排右2）、赵丹（后排左1）。
资料来源：孙栋家提供。

将军号的邮轮上面的甲板上拍的。那上面有很多后来的名人，比如杨廷宝、陈植、梁思成，还有国民党的一个将军孙立人，他也是清华毕业的，这些人都在照片里。

孙栋家：1923年，清华学堂集体留美。那张照片很清楚，照得非常好。可惜找不到了。我父亲的英文很好，他能翻译诗歌，出版过一本《李白诗新译》，香港商务印书馆出的。翻译诗歌是很不容易的。他还出过一本自传，叫《影海泛舟》，国内这版是上海文艺出版社出的。

李　浩：您小时候是在四川生活的吗？

孙栋家：我是1929年8月在青岛出生，大约1930年或1931年时搬到上海，小学在上海工部局办的一个小学就读，1937年抗战爆发，逃难逃到重庆。因为我父亲的电影跟抗日有关系，所以怕日本人来抓他，我父亲就化名带我们全家从上海坐船，先到香港，从香港经过的时候有很多电影界的同仁、明星帮忙，再从香港坐火车到武汉，再坐船回重庆，路上一共花了一个多月时间。重庆是我父亲的老家，我们就在重庆度过了抗战八年。

1945年，抗日战争胜利，1946年，我们全家就跟着我父亲原来的工作单位——中国电影制片厂，复员到南京。我记得初中是在南京白下路的市立三中（现南京市第三中学）就读。在南京住了几年，后来又搬到上海了。那时候在上海读书不方便，我就在昆山的一个中学就读，毕业了以后就到上海考大学，考大学的时候，上海刚刚解放。

傅舒兰：考上了同济大学？

孙栋家：对的。1950年进校，1953年毕业。我在同济大学本来应该读四年，后来院系调整提前一年毕业。原来我读的是土木系的道路专业，道路专业跟城市建设比较相似，1952年院系调整，我转入建筑系的都市建筑与经营专业。

李　浩：您父亲是电影导演，您怎么会选择学习土木交通这个专业？

孙栋家：这个情况也是偶然了，我们家里面有兄弟姐妹四个，我是老大，还有小妹，二弟和三弟（图1-3）。我二弟叫孙栋文，学的是铁路专业。小妹叫孙栋菌，三弟叫孙栋光；他们俩都在上海电影制片厂工作，所以我父亲有两个孩子继承了他的电影专业。我因为说话有点结巴，做不了演员，而且我个人对土木交通也有点兴趣，因为我特别喜欢看汽车，我父亲开汽车开得很好。我父亲1930年代就开汽车了，在美国能从纽约开车到西边的旧金山，这对我有些影响。

李　浩：您在同济大学的三年学习，印象深刻的事情有哪些？

孙栋家：那时候开始学城市规划，还不太了解这个专业，但是因为我对道路比较有兴趣，喜欢看汽车么，所以学了三年毕业了之后，觉得还是可以的。那时候金经昌老师给我们讲过课，助教有董鉴泓、李德华、冯纪忠、邓述平等（图1-4）。当时毕业以后统一分配到北京建筑工程部。

图1-3 孙栋家全家福（1956年
4月15日，于上海）
注：后排：孙栋菡（左1，小妹）、
孙栋家（左2）、孙栋文（左3，二弟）、
孙栋光（右1，三弟）。
前排：母亲张绮先（左1）、父亲孙
瑜（右1）。
资料来源：孙栋家提供。

图1-4 同济大学75周年校庆部分师生合影（1982年）
注：金经昌（右5）、伍江（右4）、董鉴泓（右3）。
资料来源：孙栋家提供。

二、工作之初参与太原和北戴河规划的经历

孙栋家：1953 年毕业后，我们班有好多同学分配到建工部，建工部城建局，在北京三老胡同，分管我们的副部长是万里，分管城建。当时去北京的同学有张友良、鲍世行、钱林发等。

我被分配到建工部，当时长春正在建设一汽（第一汽车制造厂），部里派我到长春去配合一汽建设搞规划。1953 年我到长春住了一个冬天，第二年春天就回来了，1954 年就到太原做规划。万列风、贺雨都是我们规划室的室主任。

李　浩：贺雨先生现在住在医院，在重症监护室。

孙栋家：贺雨 93 岁了。

李　浩：贺雨先生和万列风先生是同一年生的，他们两位差半岁。太原是八大重点城市之一，请您重点讲讲太原规划的情况。

孙栋家：我记得我做的主要是太原的初步规划、总体规划工作。我们院过去的同志，记得的有何瑞华、袁士兴主任。何瑞华根据巴拉金的手稿画过太原规划的草图。太原北面有一个太原钢铁厂，规划主要是要配合钢铁厂。太原是东边一个老城，西边一个新城，当中有一个汾河，有晋祠、文教区、迎泽大街。当时，太原的中轴线规划是有争议的，按理来说，太原应该是东西轴向，但铁路改线影响比较大，就变成了后来这个样子（图 1–5）。

李　浩：当时的工业布局比较散。

孙栋家：对，因为太原在山西算比较重要的城市，当时的山西军阀阎锡山想自立门户，他在那里乱七八糟搞了一些东西，是和军工有关系的。这里原来是文教区，还有一些乱七八糟的厂在里面。那时候非要画对称放射，苏联专家都讲对称放射、轴线。苏联规划都很特别，怎么说呢？和英美城市规划风格完全不一样。

李　浩：做太原规划的时候，您感觉和在同济大学的时候金经昌老师教的知识有很大的差异吗？

孙栋家：金经昌老师他是留学德国的，德国人有个特点，特别讲究正规化，特别正规。金老师主要还是要比苏联模式稍灵活一点。但是德国的东西也还是比较正规的，因为德国人也讲究规矩。德国派和英美派完全不一样，英美派就是自由了。1956 年秋天我就到北戴河做规划了，北戴河休养区规划比较系统，有初步规划、总体规划。北戴河是中共中央暑期办公之地，该总体规划记得是 1958 年经国务院正式批准的。

李　浩：可否请您讲讲北戴河休养区规划的情况？

孙栋家：北戴河规划，那时候中央很重视，具体分工的话，我是搞规划的，张孝纪是搞绿化的，还有别人是搞工程的，有些人物不大记得清了。

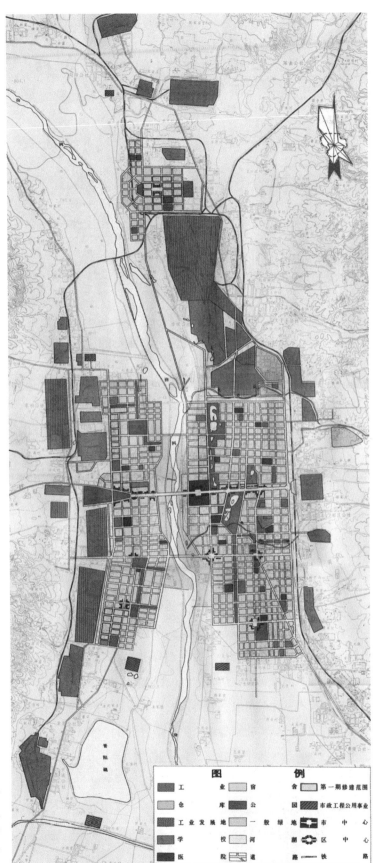

图 1-5 太原市一九五四
年规划图（1945 年）

注：截取自"历版城市总规
划回顾分析图"。

资料来源：中国城市规划设计
研究院．历版城市总体规划回
顾分析图 [R]．太原市城市总
体规划（2012-2020），2012.

图　例

工　　业	宿　　舍	第一期修建范围
仓　　库	公　　园	市政工程公用事业
工业发展地	一般绿地	市　中　心
学　　校	河　湖	区　中　心
医　　院	道　　路	铁　路

图 1-6　北戴河休养区总体规划总平面图（1957 年）
资料来源：中国城市规划设计研究院档案室，案卷号：0071.

北戴河规划最大的困难点是分区，北戴河当时是中共中央暑期办公之地，是国务院机关事务管理局直接抓的。北戴河西边是莲蓬山，莲蓬山是中共中央办公地，中间东部是国务院系统的，中央部委办的，一个是国务院系统的，一个是党中央系统的。东边靠到金山嘴、鸽子窝，在鸽子窝可以看海，很漂亮。那边有一个苏联专家的招待所，包括苏联专家的一些休养所，中间是国务院部委办，西边是党中央的（图 1-6）。

北戴河每块地都划分得比较大，有一块地是毛主席游泳的区域。解放前那个地方已经建了很多别墅式的小洋房了，我们把那些小洋房都改造了一下，里面又建了一些。那时候有一个怪楼，是一个美国人设计的，那个楼里面，有泉水，然后有树，树是在房间里长的。那个设计很独特，当时很多人到北戴河的都去那看，但是这个楼可能在"文化大革命"期间毁掉了。

傅舒兰：北戴河项目做完后，您二位回去看过吗？

王有智：没有，你们可以去看看，如果留着还是挺好的，他说的那个怪楼就在海边上。

李　浩：当时北戴河和秦皇岛的关系是怎么样的？

孙栋家：当时是先做了北戴河规划，北戴河做了以后，再做山海关，山海关是古迹——天下第一关，然后再做秦皇岛。秦皇岛是海港城市（图 1-7）。

王有智：后来山海关也搁起来了，我接着做秦皇岛规划。我们在"青岛会议"上汇报过秦皇岛规划。北戴河属于秦皇岛的一个区，但是有很多方面直接属中央管。

孙栋家：北戴河的地位实际上比秦皇岛高一点。

图1-7 孙栋家在秦皇岛市委交际处
前的留影（1956年前后）
资料来源：孙栋家提供。

李　　浩：当时，北戴河规划在规模问题上争论大不大？

孙栋家：规模不大。那时候因为休养区的人口和城市人口计算方法不一样，北戴河是暑
期办公之地，夏天的时候人很多，冬天的时候就是管理人员和当地的居民，还
有一些渔民。人口的计算方法跟工业城市的基本人口、服务人口的计算方法是
不一样的。

　　　　北戴河的规模当时基本控制住了。当地的居民、渔民住在老街，离火车站比较
近一些，跟海边休养区域的距离远一点，所以互相的影响不是特别大。最多就
是渔民去海边打渔，打完就把鱼拉走了。

　　　　那时候，这个地方没有什么旅游的概念，也没有旅游发展这方面的规划，游客
很少。普通老百姓都去不了，除非是劳模或者享受政治待遇。

李　　浩：北戴河规划应该是做到详细规划深度了吧？

孙栋家：到详细规划的深度了，局部有些小的布置。因为北戴河在新中国成立前就有了，
实际上已经建成了很大一部分，都是小洋房，和福建厦门的鼓浪屿一样，不能
大搞。除了在东边给苏联专家建设了一片新房子，靠到金山嘴那边，西边都没
有建设新房子。

李　　浩："一五"时期，苏联专家指导的好多详细规划都是街坊式的，北戴河规划也是
这样吗？

孙栋家：北戴河没有街坊式，是比较自由的。

　　　　北戴河那时候实际上就是在东边给苏联专家搞了一片招待所，是新的，西边的

房子基本上都是以前就有的。那时候的规划内容主要是道路网调整，有些地方不需要的路不要，有些路该拓宽的拓宽，并且划分区域、发展方向等。北戴河规划比较敏感，保密要求比较高。那时候没有普通老百姓的休养区。

李　　浩：您在这么重要的一个政治要求比较高的规划项目里面担任组长，当时是出于什么原因派您去？

孙栋家：原来在太原的规划工作里，领导对我比较信任。那时候，我跟万里比较熟，万里也搞过太原规划。

李　　浩：您刚参加工作的时候，在哪方面比较擅长？

孙栋家：我是道路交通比较熟悉一点，经济方面不是很熟悉。

李　　浩：1957 年"反四过"，北戴河规划受到影响了吗？

孙栋家："规模过大，标准过高，占地过多，求新过急"。北戴河规划没有受到"反四过"的影响，因为当时北戴河规划在院里来说是独立的，都不跟院里汇报。别的组回来以后在院里要汇报，大家听，有时候大家参加议论，北戴河是没有的。北戴河由国务院机关事务管理局直管，除了参加的人，别人都不了解，那时候保密比较厉害。记得当时我们回到北京以后，机关事务管理局的副局长还把我带到了人民大会堂主席台上。我在人民大会堂的讲台上了站了一会儿，看了会儿十分雄伟的景致，心情十分激动。

三、对新中国成立初期城市规划工作以及苏联模式等的认识

李　　浩：是否可以请您进一步谈谈对新中国成立初期城市规划的认识？

孙栋家：那个时候刚刚毕业分配，到了单位工作，就怕领导干涉，比如市长、局长。因为规划比较得罪人，特别对开发公司，开发公司老说：你规划就是大手大脚，我们开发公司就是要多造房子。规划道路无论多宽，他都觉得太宽。那个时候房屋有间距，因为要保证在冬至的时候，住宅底层有一小时的阳光，这是规范规定的，叫"满窗日照一小时"，然后有些领导说，这个房屋间距里可以开飞机，所以说规划得罪人，"规划、规划，不如领导的一句话"。当然这是很多年以前的事情了，是个别现象。

李　　浩：对于"八大重点城市"呢？

孙栋家：八大城市，是新中国成立初期中国正式开始经济建设时提出来的八个城市。大概国家也有思考，这八个城市要重点发展一些工业。当时提出来，我觉得很正确。当时因为国家经济实力有限，不可能遍地开花，所以要把一些重点项目，一些重要的工业放在这八个城市里面，就是为国家的工业经济先打个基础。

王有智：我补充一点，新中国成立初期还有一个特点是规划力量很薄弱。为什么？当时

图 1-8　孙栋家、王有智与什基别里曼夫妇合影
注：赵允若（左1）、孙栋家（左2）、什基别里曼（中）、王有智（右2）、什基别里曼夫人（右1）。
资料来源：孙栋家提供。

除了同济，其他的学校，包括清华（大学）、天（津）大（学），没有把城市规划搁在课程里，没有把它搁到很重要的点上。课程的大部分都搁在建筑设计上了。城市规划课程，一开始的时候，一个星期也就只有一次课，大部分时间都没有。比如说我们学校的老师沈玉麟，他是老"之大"（之江大学）毕业之后出国到美国留学的，这个老师业务很强，脑子很活，他在黑板上画的图，都非常熟练，非常好。但是在学校里，他的规划能力好像施展不开了。可能那时候我们国家对这个也不是特别重视。所以当时非常缺乏规划的人才。

李　浩：您对当时的苏联专家有什么印象？

孙栋家：当时的苏联专家有穆欣、巴拉金、库维尔金等。库维尔金是搞建筑的，什基别里曼是搞经济的，扎巴罗夫斯基是搞电的。我们接触多的是库维尔金和什基别里曼，因为两个人一个负责建筑，一个负责经济（图1-8）。

李　浩：穆欣专家您见过吗？

孙栋家：穆欣在初期的工作比较多，我见过。库维尔金和什基别里曼是最后走的，他们走了以后还跟我们通信。后来库维尔金还给我们寄了一张夫妻两个人的照片（图1-9），所以我们关系蛮好。

李　浩：他们工作有什么特点？

孙栋家：我记得这两个专家跟我们还是比较谈得来的。帮我们搞规划。我们的规划要修改，让他们修改，他们都还是能够交流的。有时候我们和他们有不同的意见，

图1-9　库维尔金夫妇在长城合影
（1956年前后）
资料来源：孙栋家提供。

也可以跟他们交流。大家想法比较一致，即使有些想法不一样，有时候他这么说、这么做，我说这样可不可以，是可以讨论的，我记得还是比较好的。

我们画的图，他们会提修改意见，比如规划做好了，就向他们汇报，他们提出来这个应该是这样的，那个应该是这样的。工作形式就是这样，大部分都是这样的工作。

李　浩：他们两个人性格不一样？听说库维尔金比较开朗，是这样吗？

孙栋家：对，库维尔金比较开朗，是做建筑的，很喜欢说笑。什基别里曼比较严肃，总体来说，这两个专家比较随和，并不是趾高气扬那种。听他们说，开始的时候，穆欣专家比较孤傲，有个老同志叫陶宗震，和穆欣专家比较对胃口，就跟着穆欣专家了。初期的时候苏联专家说什么话我们都要听的，每年都要检查贯彻苏联专家的思想怎么样，是不是贯彻到位，那时候对苏联专家很尊重。

北戴河做规划的时候有苏联专家帮忙，后来1960年苏联专家撤走了。1958年和1959年左右，有一次我在建工部向万部长（万里）汇报北戴河规划。我跟他汇报的时候，就是说苏联专家是怎么怎么说的。万部长是山东人，他用山东方言说："孙栋家，你是听我的，还是听苏联人的？"那时候我就感觉到跟苏联有点矛盾了，那时候好像赫鲁晓夫的报告已经出来了，中苏关系已经差了。本来苏联专家的话必须百分之百贯彻，每年都要检查贯彻苏联专家的思想怎么样，后来一直工作到"你听苏联的还是听我的"这个时间点，就分开了。

李　浩：对于城市规划的"苏联模式"，您怎么评价？

孙栋家：那个时候，按苏联经验，什么都要讲究对称，画图都是对称、放射，中心区非常明显，因为中心区的道路网是对称放射的。典型的方案就是西安，周部长（周干峙）在西安搞了很典型的对称放射的一个图。这些东西是苏联的玩意儿，都是苏联讲究的，当时我们叫作"图难画"——对称放射图难画（笑）。

李　浩：您对新中国成立初期学习苏联城市规划理论方法怎么评价？

孙栋家：我觉得学习苏联这个过程还是必须有的，毕竟苏联建设工作开展得比我们早一点。

四、"快速规划""三年不搞城市规划"和"大三线" 建设

孙栋家：1958年我在安徽省做工业布点规划，区域规划，马鞍山总体规划，宣城、繁昌等县城规划。当时就是"快速规划"，规划就是非常毛糙了，"大跃进"、粗线条的。比方说马鞍山总体规划主要是配合城市的一个钢铁厂建设做的。我印象里规划内容稍微做得深一点的是道路网布局。那时候，城市规划主要内容是路网，然后是分区，把路网摆好了，然后把工业区、住宅区，比如有害工业区、无害工业区、住宅区这些划分出来，分好了，这就算初步规划。当时"大跃进"，马鞍山规划做得很快，大概一两个月就完成了。1958年除了做这些规划外，我还参加了干部短期训练班。

李　浩：当时的"快速规划"，或者叫"粗线条规划"，起到一些实际作用没有？您怎么评价？

孙栋家：因为当时马鞍山钢铁厂已经定址了，外面的道路网络要配合它，住宅区的关系也要配合它。其实，"粗线条规划"还是需要的，起码市里面有个安排，工厂在这里，如果要造住宅、造马路，先修哪一条，后修哪一条，心里有个底。"快速规划"起到了一定的作用，它的作用也没有多大，但没有快速规划的话，城市建设可能更弄不好。

李　浩：当时流行人民公社规划，您参加过没有？

孙栋家：人民公社规划我没有搞。1959年我参与编写《新中国城市建设十年成就》的文章，1960年参与编写高校教材《城乡规划》。

李　浩：对于"三年不搞城市规划"这一事件，请您谈谈您的看法。

孙栋家：我的想法是并没有不搞，一直在搞，只是非正规化地搞。"三年不搞"的时候国家正值经济困难时期，而且对于一些问题，"规模过大，占地过多，求新过急，标准过高"，好像这些问题都是规划导致的。但我们总有些房子要造，就算规划停了，但是房子还是要造，那还要根据原来的规划进行。经济好转的时候，建设量大，就搞城市规划；经济差的时候，建设量小，但实际上少量的建设还是有的。那怎么办？你搞的话，还是要把原来的规划拿来作参考，特别是道路网怎么布置，还是得按照原来的城市规划要求在那里实施。虽然是说不搞了，但规划还是在里边起作用的。

李　浩：1964年您在规划局规划处工作过。当时有哪些工作？

图 1–10　在百万庄城市设计院宿舍前与同事的合影

注：第二排：郭增荣（左 7）、安永瑜（左 8）、周干峙（右 7）、鲍世行（右 6）、孙栋家（右 5）、邹德慈（右 4）、胡开华（右 3）、张启成（右 2）。

资料来源：孙栋家提供。

孙栋家：那时候主要是调研工作，写文章。受父亲影响，我写文章的功夫还可以，部里 有文章写就让我去写，有一次，在建委的时候，我写了一篇调查报告，他们觉 得可以，后来就发表到《人民日报》上了。后来我到了杭州就被安排写党史， 写了好长时间，内容主要是党怎么领导城市规划。

傅舒兰：您没有去过干校？

孙栋家：对，我没有去"五七干校"。邹德慈他们是去"五七干校"，我们从部里调到 成都了。

李　浩：能请您谈谈在成都的工作情况吗？

孙栋家：我调到成都以后在西南工业设计院，我改搞供电设计，她（王有智）搞建筑。 别的中规院的同志下放到干校，我们调到成都支援"三线"建设。

　　我为什么改成搞供电设计？这里有个故事：周干峙同志的业余爱好就是无线电、 电视机什么的，他对我影响很大（图 1–10）。成都西南有很多无线电厂，当时 有很多乱七八糟的零件可以在市场上买到，我就帮他购买，后来他组装了一个 电视机，我也组装了一个电视机。周干峙的业余爱好就是玩无线电，很能干。

王有智： "文化大革命"时期，别人都在那忙着写大字报，他俩（孙栋家与周干峙）就是写信。每个礼拜都有信，就是写关于无线电方面的。比如说设备的电弄哪了，什么零件没有了，或者哪个东西不合适了。开始是半导体，后来是电视机，两个人每个礼拜都有通信。

李　浩：这个信还保存着吗？

孙栋家：没了。我们从四川搬到杭州的时候，这些信都处理掉了。我和周干峙很要好，我们年轻时当单身汉的时候在一个宿舍，我、周部长，还有赵士修，在东四南大街 269 号。我记得就是一个小平房，老百姓的房子，走进去是建工部的宿舍。建工部在灯市口，东四南大街到灯市口很近。

现在我们家里周干峙的照片特别多，他只要一到杭州，一定要到我们家。他对我们家的小孩都很喜欢，我的孙女、外孙小的时候，他就抱着玩儿。

王有智：结婚以后我们又是住在一个单元里。后来周部长搬到工程师的楼了，我们还在原来的楼里。

李　浩："文化大革命"的时候，对您的影响大不大？

孙栋家：我当时在四川，因为我父亲是"黑五类"，是反动权威，又受过批判，是"正宗"的"黑五类"[①]。

王有智：但是"文革"没影响到他（孙栋家）。"文革"开始的时候，我调到那以后就让我支援"三线"，就到渡口（攀枝花）那边去了，我在渡口搞了两年设计[②]。回来以后，他们想批斗孙栋家，我就站出来了。那时候我比他硬在哪？我们家三代贫农，根正苗红。那时候他们简直乱来，叫我去当造反派头，我跟他们讲，你要叫我当造反派头，我明天就走。我就说，你们只要给他办学习班，我就砸，你试试看！他们谁也不敢弄了，所以从此孙栋家就没受到批斗。他就算逃过这一劫，我们家也没有让他们抄，如果要抄，那好多东西就没有了（图 1-11）。

李　浩：1960 年代初，您去过大庆吗？对大庆油田当时的情形还记得吗？怎么评价当时的"干打垒"？

孙栋家：我去过大庆油田，去萨尔图看过，坐火车去参观过油田。当时大庆油田是轰轰烈烈，热火朝天。建筑"干打垒"，怎么说呢？用现在科学的方法来说，它当然是很落后的，但是"干打垒"也有它的作用，那个时候算是穷有穷的办法了。

王有智："干打垒"对一个城市的过渡起了很大的作用。特别是后来我们到"大三线"，渡口那个地方根本没办法用现代化的东西，只有用"干打垒"，所以那时候我

---

① "黑五类"是"文革"期间对地主、富农、反革命分子、坏分子、右派分子的子女的统称。
② 1965 年 2 月，国务院下发《关于攀枝花特区更名问题的批复》，同意将攀枝花特区改名为"渡口市"。1987 年 1 月 23 日，经国务院批准，渡口市更名为"攀枝花市"。

图 1-11　参加劳动锻炼留影
注：王有智（右7）。
资料来源：孙栋家提供。

们住的房子都是"干打垒"，没有窗子，就是一个洞，弄几根棍，就是这样了。
"干打垒"对我们国家来说，过渡时期的作用还是很大的，用"干打垒"解决
当时的问题，还是起作用的。

五、调至杭州后的工作经历

李　　浩：您为什么会在1974年3月前后调到杭州工作？

孙栋家：因为杭州的副市长周峰到部里要人，部里城建局局长曹洪涛就说，我们在四川
　　　　还有两个老规划，你要调人可以找他们。后来周峰就到四川要人，这件事省里
　　　　具体办的人是杨炳辉。他原来是我们院里的，是浙江人，自己要求调回浙江来的。
　　　　他在北京的时候就跟我们很熟悉，都是他办的，前后大概两个月就办好了。

李　　浩：那时候还是"文化大革命"期间，杭州就想恢复城市规划工作？

孙栋家：对，已经开始想要搞了。杭州搞城市规划还是比较早的。杭州规划这个说来话
　　　　长了，解放初期，苏联专家穆欣来的时候，就提出杭州是休疗养城市。这么一说，
　　　　杭州就搞了休疗养院，把西湖风景区里面有些好的地占了。后来觉得这个不对，
　　　　杭州是全国人民的杭州，不是哪一个的。这样的话，后来就改过来了。

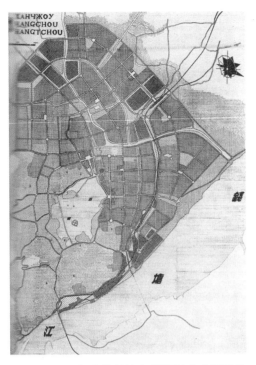

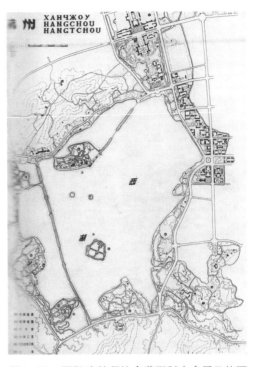

图1-12　国际建筑师协会莫斯科大会展示的杭州规划（1958年）
注："城镇建设与重建"会议资料集中国册展示的部分规划图纸。
资料来源：王有智提供。

图1-13　国际建筑师协会莫斯科大会展示的西湖及邻近片区规划（1958年）
资料来源："城镇建设与重建"会议资料集，王有智提供。

王有智：在北京时，我们还画过一批图出国展（指1958年在莫斯科召开的国际建筑师协会年会），我记得是有杭州的，当时我还把书买了，拿来给你们看看（图1-12、图1-13）。

傅舒兰：虽然我对杭州的规划历史做过一点整理工作，但这个资料是第一次看到，看来新中国建国初期对杭州还是挺重视的。您调至杭州时，1953年的总规早编好了，倒是后面进行了几次修编，您参与了吗？

孙栋家：杭州规划做得比较早，穆欣指导过，定位是休疗养城市。1958年"大跃进"的时候，杭州提出了工业城市的定位，这个定位肯定是失误了，搞了钢铁厂，但是当时还很难说，因为当时工业化比较热，杭州搞工业，"大跃进""一天等于20年"。

后来"文化大革命"时期承认杭州是风景旅游城市了，提出一个"左"的口号，叫"革命化的风景旅游城市"，风景旅游城市要革命化。但什么叫"革命化"？谁也说不清楚。

杭州的规划还是走过好多弯路，这些弯路你说不走也不行，这和全国是一样的，路途都是坎坷的。而且杭州经济方面因为没有大投资，所以也没有大弄，和这个也有关系了。

王有智：1974年回杭后我们都在建设局，但是搞的工作不一样了。他在建设局里面一个
规划管理组，以管理为主。后来我们跟市里请示，不让他搞管理了，为什么？
搞管理就好像你拿一个笔给人家签字，一签批出去，他们就觉得你有权，就给
你送礼。那时候就发展到了半夜给你家里送礼物，我吓死了。有一天晚上，公
安厅的穿着公安服装半夜来敲门，你说吓不吓人？结果他跑来送东西。我气死了，
和他讲我们不缺吃、不缺穿，这种事情昧良心，我们绝对不干。所以后来我跟
他们局里讲，想把他换到技术岗位，他是技术人员，还是做技术工作。局里不
同意，我就往上边找，最后总算给他调到总工程师室了，搞总工，就不搞行政了，
真是谢天谢地。

1980年，国家建委为协助天津市修改总体规划和编制三年近期建设规划，
抽调全国规划专家，成立专家工作组前往天津工作。当时院（国家城建总局
城市规划设计研究所，中规院的前身）里的意思是叫我们两个回北京，给杭
州来函要人。杭州当时的局长不肯放人，说同时只能去一个，一个去了以后，
如果再有需要，另一个再去，另一个回来。所以我俩每个人都去天津做规划
做了半年，我先去的，半年以后我回来又叫孙栋家去了。我在天津主要是跟
天津的人一起搞详细规划，孙栋家是做整体规划的，因为那时候周干峙在那
儿了，他跟周干峙一起在那儿做。这时候，部里跟杭州的建设局商量能不能
把人调回去，杭州建委主任和局长都不肯，都没同意，所以后来我们两个就
没有调回北京，留在杭州了。

后来（1980年代后），城市规划行业特别需要搞规范，要孙栋家去弄规范，因
为他的能力比较全面。院里（中规院）跟杭州商量又把他借过去了，他在规范
办公室弄了将近两年的时间。弄差不多了才撤出来，回杭州了（图1-14）。

孙栋家：你（指傅舒兰）这个书（《杭州风景城市形成史》）我看了，1981年到2007
年这一段时间我是经历并参与的，资料很翔实，评价是恰当的，写得很好。杭
州规划和全国一样，有坎坷，有机遇。

这里有张照片极有纪念性，可以说是集合了新中国成立后早期规划建设的领路
人（图1-15）。

1980年前后，杭州报批总体规划，请专家来合影。记不清是1978年，还是1979年，
正好郑老他们的学会在杭州有一个会议，中国历史文化名城的什么，所以就来
了一批专家，大家都来了，在西湖边合影。

我们从左边数过来看，陈占祥是英国的城市规划博士，做过部里和北京市的总
规划师；任老（任震英）是兰州城建局局长，研究窑洞和生土建筑的第一人；
郑老（郑孝燮）是历史文化名城的倡议人；周干峙是两院院士、副部长。还有

图 1-14 1992 年城市工程管线综合规范开题会专家合影
注：孙栋家（前排左 2）。
资料来源：孙栋家提供。

图 1-15 1980 年代与杭州总规评审专家们在湖滨合影
注：陈占祥（左 2）、任震英（左 3）、孙栋家（左 4）、赵士琦（左 5）、郑孝燮（左 6）、周干峙（右 6）、翁可隐（右 5）、沈远翔（右 4）、张剔平（右 7）、王有智（右 1）。
资料来源：孙栋家提供。

图 1-16　1980 年代在杭州合影
注：翁可隐（左 1）、安永瑜（左 2）、鲍世行（左 3）、石成球（右 3）、王有智（右 2）、蒋绿野（右 1）。
资料来源：孙栋家提供。

其他城市设计院的同事，新中国成立后从事城市规划工作的第一批人，像赵士琦、沈远翔、张惕平都在。所以说，这张照片很重要，很有纪念意义。

王有智：这里还有一张也是在杭州照的（图 1-16）。

孙栋家：左边这个是安永瑜，这个是翁可隐、石成球。

王有智：（图 1-16）这个是我。这个是另外一个——蒋绿野（右 1），她后来到美国去了。这个有鲍世行、翁可隐、安永瑜、石成球。这是那一年，他们到杭州来，也是 1980 年前后，就是我们上报 1980 年总规前后（图 1-17），他们来这开学术会议，一起出来的合影。

六、王有智先生的家庭出身与教育背景

李　浩：王老您是天津人吧？出生年月是什么时候？

王有智：我是 1930 年，阴历九月初五出生的，我到最近才弄清楚我的年龄。日本侵略时，我家里有八个姐妹，家里为了把姐姐们的年龄压下来，就把我的年龄一起压下来，我们不知道岁数，家里人也不跟我们说。一直到前几年，我大姐去世前，他们找到我父亲的一个本子，上面写了我们每个人的出生年月和生肖，我才知道我是 30 年（1930 年）出生的。

我不是天津人，祖籍在山西榆次史铁镇，这是在"文化大革命"时期看到外调材料的时候我才知道的。我们家里，包括我父亲都不知道。为什么？因为我父亲小时候是在孤儿院长大的。他小时候母亲去世，家里把他送到孤儿院了，所以他在张家口孤儿院长大。孤儿院那时候是美国一个教会办的，然后孤儿院把他培养长大，当了牧师，我父亲是一个教会传教的牧师。教会的经费过去一直是美国负责的，日本入侵后，经费就没有了。没有了以后，我爸爸就养牛羊，

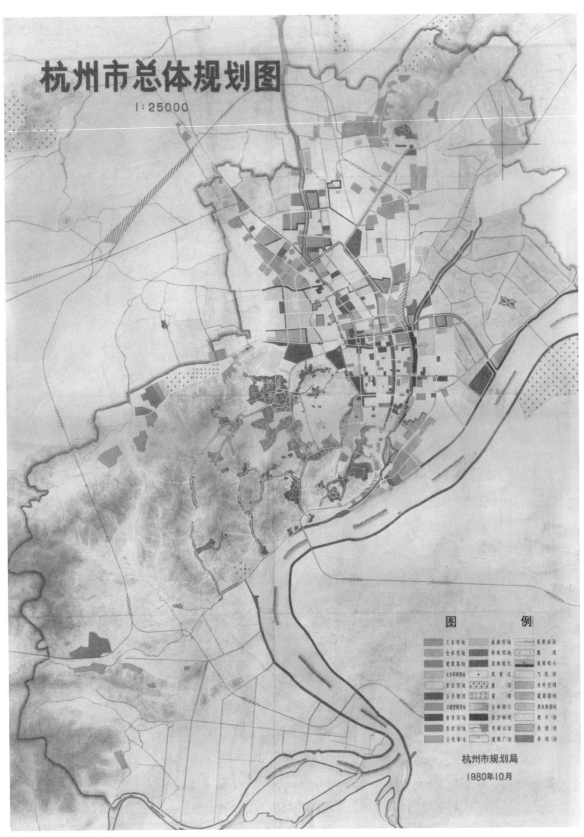

图 1-17　杭州市总体规划图（1980 年 10 月）
资料来源：孙栋家提供。

卖牛奶、羊奶，我们家就以卖牛羊奶为生，直到解放。

我小时候一直在教会学校读书。张家口的教会有一个小学，我和三姐就在这个小学读书，住在学校里。后来到解放前夕，我跟我姐姐读了一个日本人办的女子中学，张家口解放以后被解放军接收。张家口解放没多久，国民党又打过来了，这个学校就整个跟着解放军一起去了东北。那时候我的好多同学都一起走了。我家在宣化，我和三姐就留在家里，没有念书了。

后来，北京跟张家口通了，我父亲把我和我三姐两个人送到北京，因为我父亲是教会系统的，他就把我们两个送到教会学校，叫慕贞女中（现北京市第一二五中学前身）。我父亲曾经在北京亚斯立堂的神学院读书、毕业，他的文化程度相当于中学。后来，他一直在教会里传道，所以我和三姐享受教会的待遇，在那个学校读书，所有的费用都是免的，我后来一直在那个学校读到毕业。

快解放的时候，我在学校接触了一些比较进步的同学，这些同学有的是地下党，所以我就参加了很多这些活动。有时候跟他们出去贴标语，有时候护校。我在学校读书的时候，参加了学生自治会，一直在学校里工作，一直到高中毕业。中途，我曾经在暑期办了一个"暑期大中学学习班"，说是学习班，但是有很多人——北大、清华的大学生，还有各个中学的中学生，集中在当时的育英中学一起学习，学习新的东西，新民主主义的一些资料，比如人不是神创造的，人是由猴子进化的这种知识。之后还在中央团校学习了3个多月。

那时候，有很多党员、团员，北京刚刚解放，我就入团了，那时候叫新民主主义青年团。入团以后，我在学生会参加过很多活动，我在学校里也还是比较积极活跃的，当时地下党和我谈入党意愿，但我为什么没有入党呢？因为我父亲是牧师，他有宗教信仰，我的想法是我不能违背我父亲的意愿，所以一直没有入党。

北京解放正好是我高中一年级的时候，我和同学们早上很早就排着队伍来到天安门广场，毛主席在天安门城楼上宣布中华人民共和国成立。那个时候，天安门都是土，一走起来，满地尘土飞扬，但是人们的心情是相当愉快的。

日本侵略时期害了不少人，我只有六七岁的时候，亲眼看到日本人拿刺刀杀我们中国人，现在电视上有与日本相关的我都不要看，一看就受不了，这个事情对我影响很深。所以，关于读书这方面，我心里想着要给自己的国家争光，为国家贡献一分力量。当然，由于我爸爸是教会的，所以我只能在教会学校读书，而且那时候教会学校有一个好处，燕京大学本来是美国和英国的教会联办的，只要成绩平均在95分以上，就可以直接保送燕京大学，然后从燕京大学直接可以到美国。所以那时候，开始我还抱着这个希望，我拼命好好读书，以后可以出国深造。当然，后来燕京大学没有了，我就报了唐山交大。

李　　浩：您是哪一年上的大学？

图 1-18　与同学们在北京
铁道管理学院门前的合影
注：王有智（左 1）。
资料来源：王有智提供。

王有智：我是 1951 年考上了唐山交通大学，我想的是上了交通大学以后坐火车可以免
　　　　票（笑）。1951 年秋，为支持北京铁道管理学院的新校舍建设，建筑系先调整
　　　　到了北京铁道管理学院（图 1-18）。

　　　　后来，1952 年，高校院系调整，建筑系又调整到天津大学，我就在天津大学建
　　　　筑系学习。天津大学里面 80% 的教师都来自原来的中央大学，徐中先生就是中
　　　　央大学调来的。

　　　　其他合并到天大的，还有老北洋大学工程方面的一部分专业，出了一些成绩蛮
　　　　好的学生。另外还有原来的津沽大学，这个学校是天津教学质量比较一般的，
　　　　不过调来的学生很少。我们那一届有好几个班，有工业的、民用的、设计的、
　　　　规划的，大家后来都分配到全国各地了。

李　浩：您跟迟顺芝先生是同学吗？

王有智：她和我不是一届的，她是土木系专科，我们是同一个宿舍楼，所以互相都认识。
　　　　那时候，我们建筑系专门有一个楼，有专业教室。教师们经常在教室来回跑动，
　　　　我们是固定的，教学楼、雕刻室、绘画室都是固定的。当时美术课特别多，碳画、
　　　　雕塑，这些都学了，那时候，建筑是和美术结合在一起的。

　　　　当时的感觉是：在我们国家，城市规划还没有起步。虽然建筑系已经有了规划
　　　　的老师，但课很少，老师也好像没什么存在感。后来因为国家的建设、工业建
　　　　设各个方面的需要，学校才开始重视城市规划，设立城市规划班。当时，从一
　　　　个年级的建筑学里抽出来 10 个人，选人时要求还挺苛刻，要求一定要是团员。
　　　　规划老师也开始忙了，规划老师本来是最闲的。

　　　　那时候，王文克局长亲自到我们学校来，要求我们尽快加入工作队伍，到呼和
　　　　浩特搞城市规划。好像是 1954 年前后，我们应该属于毕业班了，马上就跟着

图 1-19　天津大学 100 周年校庆返校时与老师们的合影
注：沈玉麟（左 3）、彭一刚（右 2）、赵士琦（左 1）。
资料来源：王有智拍摄、提供。

去呼和浩特了。当时我们自己也稀里糊涂的，感觉还没有学什么东西呢，因为
之前学的都是建筑学方面的东西。我做的第一个规划，就是呼和浩特。做完了
这个规划，我们就到城市设计院报到了。

李　浩：当时是哪个老师讲城市规划？

王有智：沈玉麟，就他一个人，所有的课都是他讲，包括历史课，他很累的。他是老之
　　　　江大学过来的，很能吃苦。那时候，带着我们去大同市云冈石窟调研，云冈石
　　　　窟离大同城区有十几公里，他和我们一起步行。我还记得，返回到城门口的时候，
　　　　大家都抬不起腿了，他还能走呢。

　　　　这个是我们学校 100 周年校庆时同学返校照的照片（图 1-19），我要和你说的
　　　　主要是这个，这是沈玉麟先生。他在天津大学教书，是老之大（之江大学）毕业，
　　　　又到美国留过学，业务很强的。他在黑板上画那些建筑真的是非常熟练，可惜
　　　　没有好好发挥他的作用。其实回来好多年了，但就只让他讲讲城市历史方面的
　　　　东西，很可惜，现在不知道在不在了。

　　　　那时候我们年轻人想多看点、多学点，10 个人加老师一共 11 个人，到处跑。还
　　　　有一次是去承德测绘，我们在承德测绘的那些房子的房顶都是包金的，需要保护，
　　　　要把脚手架都拆掉，所以我们早上很早就得爬上去测绘、绘制图纸，工作很细的，
　　　　整整弄了一个暑假呢。现在想想，当时做事情的劲头是蛮大的，后来我们学校出
　　　　了一本相关的书，其中承德的测绘就是我们班做的。那时候，我们住在一个农业

图 1-20　天津大学校门前的毕业班合影（1954 年）
注：孙宝莲（左 2）、王有智（左 4）、张国华（右 4）、赵士琦（右 2）。
资料来源：王有智提供。

学校里，学校对面就是一个和楼房差不多高的大佛像，它最上面的佛龛里有好多小佛像，全是金的，我记得我们拿下来看，做工很精细，真漂亮。

刚入学时，我们学的偏建筑设计。一个年级的学生只有二十几个人，跟老师的数量差不多，老师很多的时间都在教设计。那时候是最好的时候，每个人都有自己专用的绘图桌、柜子，条件特别好。院系调整以后，把原来老的北洋大学、津沽大学和我们一起合并到天津大学，津沽进来的人很多，比我们多，导致后来设计课的老师根本忙不过来。

徐中是我们的系主任，那时候，每一个老师都有分工，分管几个学生，我的设计主要是徐中教的。他的主要精力都放在我这里，我和他的关系非常好，还有童鹤龄、郑谦，这两个助教也和我合得来。

当时成立规划专业后，选了一些政治觉悟高的团员。那时候，突然把我从建筑学分到城市规划，我非常想不通。我自己很想做建筑设计，一年级的时候我做了一个十八烈士纪念墓的墓碑设计，最后被选中了，我很兴奋，因为这个设计方案是要给总理汇报的，要总理点头，所以我思想上就觉得我今后就往建筑设计方向发展，没想到后来往规划方向发展了，这都是一些时代的因素，老师们很明确地说，你是团员，你一定要去。我二话没讲，我是团员，去就去。

傅舒兰：这个合影是几几年，就是您毕业的那一年吗（图 1-20）？

王有智：是的，1954 年，我们毕业班的合影。本来我们应该是 1953 年毕业的，因为转

图 1-21　呼和浩特规划总图
资料来源：孙栋家提供。

城市规划专业，就延长了一年。我们城规班里的团员最多，因为当时对保密性要求比较高。老师讲，整个城市的主要命脉都掌握在大家的手里，所以大家这方面一定要注意。你想，责任那么大，所以说，我二话不讲就去了。实际上也没到一年，分班后没多久，1954 年 3 月就去呼和浩特了（图 1-21）。做完呼和浩特就直接到城市设计院报到，没再回校。

李　　浩：当时还有比较年轻的老师，比如后来当选中国科学院院士的彭一刚先生，他1953 年毕业留校后就任教了，他讲过课吗？

王有智：彭一刚比我高一班，我们那时候有很多课跟他们在一起上，因为那时候很缺老师。所以说，他们班的人跟我们班的人非常熟悉。彭一刚那时候还是学生，跟我关系也蛮好，也是从唐山那边过来的，他们比我们要老练。那时候，交大的人很少，建筑系的人更少。四年级只有 1 个女同学，三年级也是 1 个女同学，二年级开始女同学多了，他们班好像是 6 个，我们班当时是 12 个，我们班的女同学比较多。赵士琦跟我是同班，而且我们两个比较要好，到现在还经常联系、通电话。另外还有两个没了，张国华刚没了，孙宝莲在兰州，也没了，我们 4 个关系比较好。

七、参与侯马、北戴河和秦皇岛规划工作的经历

王有智：那个时候，王文克局长抓得特别紧，叫我们直接到设计院报到。记得那个时候，设计院大楼刚刚盖好，办公室什么的都是新的，而且他们（指孙栋家）这批有

图 1-22 与侯马组同事假日郊游图（阜外大街）
注：王有智（右3）。
资料来源：王有智提供。

些在外面的，都出差到各个城市搞工作去了。所以我们去的时候，办公室里都是空的。

我到了城市设计院以后，参与的第一个工作是侯马规划，跟夏宗玕在一起。侯马当时是新选的，完全是农田，完全是平地了，到那去选厂，然后做总体规划。我们在侯马那个地方下了很大功夫。最早去那儿，什么都没有，就是一片地、一个小庙。我们就住在那个小庙里，小庙里有大泥菩萨，前面住男同志，我们睡在后面。地下铺稻草，很艰苦。但我们刚从学校出来，觉得很好玩，虽然生活艰苦但也挺有意思的。

侯马组里有刘德涵、我、李桓、夏宗玕，是搞建筑和规划的；经济是张惕平配合的；工程是廖可琴；还有一个个子矮矮的，现在在渡口，叫周福绵。主要是我和李桓在弄（图1-22）。

李　浩：侯马规划当时有什么困难？

王有智：那时候侯马都是一片平地，我们先做现场调研。那时候大多是小伙子，也能跑，都是靠两条腿调研。侯马北边是汾河，南边靠近运城，当时先选址、选厂，然后做规划。我们主要是画方案。这里有一张照片拍的是正在讨论我那个规划方案。我和李桓都是搞规划、建筑方面，可以出多个方案，我们正在那讨论呢，尽量将各自的优点合并在一起出方案。大家研究，哪条路应该怎么样更合理。

说老实话，这个规划比北戴河的好搞，因为是平地，而且自然条件也很好，水也有，电也可以配，各个方面的条件都还不错，那个地方是非常适合建城市的。

李　　浩：侯马的规划我没研究过，特点是带形？

王有智：不是带形的，比较方正，因为没有受到任何限制约束，而且各个方面都还比较平坦，水电好规划，所以侯马规划搞得还是比较顺利的。时间上，大概做了半年以上。我在侯马规划还没完全结束的时候，就调去北戴河组了。因为北戴河组中的王留庆调东北了。

李　　浩：您和孙栋家先生是在北戴河规划组认识的吗？

王有智：我们两个是在一个工作室认识的，不是一个工作组。我们院里有好多人可能都没有见过面，因为总要到别的城市调研，大部分时间都在外地跑，真正待在北京的时间非常少，这个城市跑一趟，那个城市跑一趟，回到北京汇报完工作就接着又出去了，时间大部分都花在路上、火车上，到过年了才回院里集中汇报。有时候不一定都回得来，可能组长能回来。全院的人都在一起、互相见面的机会很少。

最多人的时候，应该是搞"反右"的时候。我们这批人刚刚从学校出来，进单位后正好就开始"反右"了。现在觉得，虽然那时候有的领导文化水平不是很高，像我们室主任好像只有初小的文化，但是他非常理解年轻人的想法，也很保护我们。一"反右"，就开始贴大字报什么的，他就觉得我们这批人刚从学校出来，思想比较单纯，就跟我们讲："你们别写什么大字报的，给我出差。"他尽量安排我们任务出去出差，不让我们在单位里。

那个时候，城市设计院特别强调对城市规划的保密性，就算跟我一起到同个科室的同学，比如赵士琦，我们在工作上也是一点都不通气儿的，都是保密的，谁都不讲的，甚至连谁在做哪个城市都搞不清楚。那时候组员从每一个城市回来，该汇报给国务院的，汇报给国务院；该汇报给部里的，就汇报给部里。各个室互相之间都不通气的。比如我是侯马组的，他（孙栋家）是北戴河组的，互相都不能到办公室去串门的。

我记得当时北戴河组就在我们（侯马组）对面，组里中专毕业的多一些，本科生较少。我调到北戴河组时，他们已经做了很多工作（图1-23）。我在北戴河组的时间也不长，没多久就自己带一个组去做秦皇岛规划了。

秦皇岛规划的时候，我记得，向市里面汇报，讨论的时候基本上没有什么分歧，因为那是初步规划，大致的功能分区，没有到详细规划的深度。秦皇岛也蛮复杂的，有海港，又有旅游，北边也搞了很多工业，还有铁路，铁路又从城里面穿过。当时做规划的时候，大家研究了好久。一来我们必须要尊重市里的意见，二来城市有很现实的基础条件，想象中最好这个限制没有、那个限制没有，是

图 1-23 北戴河组在城市设计院办公楼前合影
注：史克宁（左3）、易守昭（左5）、王有智（右3）、孙栋家（右1）。
资料来源：王有智提供。

不可能的。当时把城市的经济力量和今后的发展都梳理得比较明确，最后还没
在院里汇报过，就展出了。

八、"青岛会议"

王有智：那时候是1958年，全国城市规划会议在青岛开的，王文克主持的。"青岛会议"
　　　　我是参加了的，我汇报秦皇岛规划，规划方案也贴出来展览了。那是我第一次
　　　　带组，有点紧张。

李　浩："青岛会议"期间还有项目的讨论交流？

王有智：那时候，不仅给自己院里的领导汇报，还有上级领导，以及其他城市来开会的，
　　　　都要了解和学习。所以我们除了开会的时候汇报以外，大部分时间都待在图纸展
　　　　厅里，人家提问题，我们讲解。

李　浩：在"青岛会议"期间，建筑工程部的刘秀峰部长有一些重要讲话，您还记得吗？

王有智：我听了，这种会我们都要去听的，而且也要讨论的，因为这个精神要领会，在
　　　　自己的工作中要贯彻。刘部长的报告，我现在可真想不起来了。内容比较多，
　　　　他有蛮厚的一沓材料，现在想不起来了。反正那时候的精神，就是要求规划遍
　　　　地开花，只要有要求，只要能达到的地方，都要去满足，都要去做规划的。

图 1-24　与苏联专家在山海关留影
注：库维尔金（前排左1）、什基别里曼（右6）、什基别里曼夫人（右5）、王有智（右4）。
资料来源：王有智提供。

那时候，除了我们这一个规划院以外，其他的地方没有规划院，各学校的老师都要到我们院里来进修，实际上他们也是边做边学，学了再回去传授。像齐康、董鉴泓这些老师也被安排在我们组里一起待过。当然，我们跑出去的时间比较长，但是也会一起参加一些活动。

李　　浩：您对苏联专家有什么印象？

王有智：前期在北戴河的时候，和专家们在一起的时间比较长，大家生活上的各个方面接触比较多一些（图1-24）。他们很喜欢喝酒，喝啤酒很厉害。我实在没有办法，从来不喝酒的，因为家里本身信教，更不能喝酒了。怎么办？我就告诉服务员，把那个橘子水什么的饮料弄一瓶给我换一下，所以一直都是这样的。就有一次没换，我喝醉了，喝完了以后就睡着了，什么也不知道了。他们一喝酒，我就没有办法跟他们交流，所以我最怕陪他们吃饭。

苏联专家们比较灵活，不是特别固执，他们的想法、意见都会表达出来，但我们也会酌情听取意见。比如有一次，我们把广场画成了一个长的，太像手榴弹。万里就批评，你们是听苏联专家的还是听我的，后来我们就赶紧改掉了，因为那个形式确实有点像。我做秦皇岛规划的时候，苏联专家们已经走了。后来还通过信。

李　　浩：您对新中国成立初期的城市规划怎么评价？

王有智：当时我的感觉就是我们国家的城市规划起步晚，慢了一步，应该还可以更早。像沈玉麟这样的老师，一回国就应该让他把作用发挥起来，那时候开始培养的话，咱们当时能派出来的城市规划人员可能更多一些、更好一些。一般来说，

图 1-25　城市设计院前与女同事们的合影
注：王有智（前排右 1）、赵士琦（后排右 1）。
资料来源：王有智提供。

图 1-26　王有智与孙栋家先生结婚照（1958年 8 月）
注：王有智（左）、孙栋家（右）。
资料来源：王有智提供。

学建筑的搞城市规划，做方案什么的，脑子比较活一些。所以像我们天大毕业的也好，清华毕业的也好，都是缺少工程方面的。单纯学城市规划的，偏重在工程方面比较多一些。

傅舒兰：对了，您二位是什么时候结婚的？

王有智：就是 1958 年，大概 8 月份吧。我们结婚的时候才简单呢，食堂里 5 分钱的菜，组织上通知我们说：你们两个结婚吧，房子准备好了。结果我们一回来，同事已经把房子粉刷了，单位的桌子、椅子、书架都摆好了，床也摆好了。

那时候搞规划是蛮辛苦的，在院里的时候，基本没有什么机会顾家、顾生活。我的小孩从小时候在哺乳室，一直到长大都是在集体生活里，没有跟父母在一起，一直到我支援"三线"去西南也是这样，长时间见不到。出去工作几年，回来了才能团聚。但当时大家都是这样的，工作都特别紧张（图 1-25）。

李　浩：这是你们两位的结婚照（图 1-26）？太珍贵了，是在哪里照的？

孙栋家：结婚后照的，这时已经生了小梁了，我们到上海探亲。也有在王府井那个中国照相馆照的。1958 年，真是要 60 年了。这张是我们结婚 50 年的时候照的。

李　浩："青岛会议"之后，您还做过其他工作吗？

王有智：那之后（1960 年代），我正好生了第二个小孩，院里就不让我出差了，把我调到资料室。当时成立了一个整编组，就是写文章的，任务就是把所有以前规划过的项目都整理出来，整编成一本书，包括对规划的评价，就是对规划今后发展的评价，可惜后来被烧掉了。那时候调到资料室的一共有大概十来个人，记得有吴翼娟、翁可隐、胡德荣、我、瞿雪贞。

李　浩：资料室主任是谁？

王有智：柴桐凤、万列风。先是柴桐凤，后来他调走了，万列风调进来，万列风主导的这个事情。那时候，我们写东西都要跟他汇报。我们这批人每天把档案调出来

图 1-27 参加中国城市规划设计研究院 40 周年院庆时的留影（1994 年 10 月 18 日）
注：王有智（左 2）、赵士琦（左 3）、任震英（左 4）、孙栋家（左 5）、曹洪涛（右 4）、王健平（右 3）、陈为帮（右 1）。
资料来源：孙栋家提供。

看一遍，看完了把说明书整个看一遍，再把规划看了，再写。当时花好大的精力编写的，后来听人说都烧了，真是可惜。这么多人写的，包含整个规划的介绍、过程、方案的特点，还有规划后的发展等，我们都编写了。这个整编工作持续的时间比较长（图 1-27）。

另外，"大跃进"以后的那个阶段，整个院里都不再搞生产了，变成研究室了。我记得我是跟周干峙一个组的，他（孙栋家）是跟史院长在一个组。他去的南面，具体哪儿我忘了，你可以问他。那时候我跟周干峙，还有两个同志——车维元、郭维瞬，我们四个人是到安徽。当时安徽搞浮夸风搞得很厉害，中央就派工作组下去调查，我们就是工作组的成员。搞调研就是把当时浮夸风带出来的一些问题——城市建设上的，特别是在工业和农业上的半截儿工程、烂摊子的情况，搞清楚，反映给中央。调研工作大概是 1962 年到 1963 年这段时间。

当时院里人少了，就是一批批被下放，下放到西安，下放到成都那些地方去。原来有 500 多人，剩下的只有 100 多人。这些人就是搞调研。我找出来了一张他（孙栋家）搞调研的照片（图 1-28），就是当时跟史院长出去搞调研拍的。

孙栋家：这是去贵阳，照片背面写了"一九六二年元月于贵阳"。有顾立三、王伯森，还有王凡——当时留苏进修过城市规划的工程师。这张还要早一点（图 1-29），是去柳州调研，还有易守昭。

图 1-28　赴贵阳调研组合影
（1962 年 1 月）
注：后排：孙栋家（左1）、韩家
相（左2）、王伯森（左3）、钱
治国（右1）；前排：史克宁（左1）、
王凡（左2）、顾立三（右1）。
资料来源：孙栋家提供。

图 1-29　赴柳州调研组合影（1961 年 12 月）
注：后排：顾立三（左1）、王伯森（左2）、韩家相（左3）；前排：易守昭（左1）、史克宁（左2）、王凡
（左3）、孙栋家（右1）。
资料来源：孙栋家提供。

九、"四清"及支援"大三线" 建设

王有智：1963 年以后，我就去做"四清"工作了。"四清"的时候，曹洪涛局长带队，

我们和"四清"工作团一起到山西太原，去了两年①。这两年院里变化特别大，

---

① "四清"运动是指 1963—1966 年，中共中央在全国城乡开展的社会主义教育运动，表现为"清思想，清政治，清
组织和清经济"。

但我是在外面搞"四清"，院里情况都不太清楚的，等我回来的时候，我们院已经没了，我已经到建工部了。那时候他（孙栋家）在建委，我在建工部。

傅舒兰：建委和建工部还不是一个单位？

王有智：是两个单位。

孙栋家：那个时候，中央单位经常调整，城市规划部门一会儿放到建工部，一会儿放到国家建委，一会儿放到国家计委，一会儿放到经委，我们都搞不清楚。因为城市规划要涉及的部门太多了，经济要涉及，建设要涉及，大到城市交通，小到居民去商店买商品，什么都要涉及。

王有智：我记得我们被调整到国家经委的时候是最好的，那时候，他们的农场生产了农产品，就给我们分发一些，到年底还给发了油和食品，我们说来到经委这边还挺好的（笑）。当时，城市规划是新成立的单位，国家一直在摸索怎么发展。而且单位变动频繁，领导经常调动，我们下面的人就是跟着干事。

到了建工部，说是西南"大三线"①特别需要人，你去吗？我说好啊，去吧。那时候我们院里七个人，他们都不愿意去，后来他们就没有去。一想他们不愿意去，我说我们两个人一起去，在北京也是到处出差，没什么差别，我们想的是只要是建设祖国，哪里需要都应该去的。孙栋家也同意了，我们就把家搬过去了。

所以当时就去找曹局长，那时候，曹局长刚刚带着我们回来，跟我说："你把他（孙栋家）留在建委吧，这里也蛮需要他的。你一个人去。"我跟曹局长说："一个人有困难。我去那肯定是老要出差的，带一个小孩，不是很方便。"后来曹局长那边也同意了，我们就两个人一起到了西南。

傅舒兰：支援"三线"听起来非常艰苦？

王有智：对，西南交通很不方便，连红卫兵"大串联"都跑不到那里去，太远。那个山，我现在想起来都后怕。我们过去坐了一个礼拜的汽车，汽车爬一个礼拜的山，才到了攀枝花。到了攀枝花，那块地倒是很大一片，但什么都没有，就是土和山，什么都要我们自己搞。我们就住"干打垒"，然后自己种菜。所以，我们没有上"五七干校"，就在那个地方搞"三线"建设。

彭德怀那时候在那，"三线"建设总指挥是他。他经常转悠到我们这儿来看看，看我们几个搞规划、搞设计。所以当时在那，倒是可以见到一些领导人。

我们一直在"三线"工作，直到红卫兵"串联"进去了，才把我们给折腾回来了。"串联"的红卫兵一进来，我们这儿就成立了"延安战斗队"。战斗队觉

---

① "大三线"：三线建设，指的是自1964年起中华人民共和国政府在中国中西部地区的13个省、自治区进行的一场大规模的国防、科技、工业和交通基本设施建设。

得孙栋家有问题，觉得我也有问题，就去外调材料。这一外调，把材料调来了，说我家是二代贫农，他们才不敢斗孙栋家。本来他们是准备大干一场的。后来他们还推选我当什么"造反派"的头。我说，对不起，你们要造你们造，我不干这个事。

李　浩：您说的"延安战斗队"，是西南院的吧？

王有智：西南院的。后来我们就从成都带着女儿回北京，到北京的姐姐家住下来，不回去了。我也不参加这些批斗什么的，都不参与。那时候，我们属于"逍遥派"，不是"造反派"。那时候，我们周围经常有枪声，人们都很怕。这段经历在我们的脑子里印得太深，把人都伤透了。杭州本来是苏联专家指导的第一批，很早就提出了建设"东方日内瓦"的思路，是这个时期被批判和彻底打压下去的。

李　浩：攀枝花的规划是怎么一个情况？

王有智：要是做规划就好了。我去了不是让我做规划，让我做工业方面的设计，完全做设计了，我很多年没做设计了。那儿的设计对结构的要求非常严，因为很多工业都是在山里面。我们勘察都是翻几个山，上山下山，看哪一块可以做。那时候爬山锻炼身体，我觉得年轻人要想身体好，还是要出去跑跑。住宅的话，一开始都靠搞"干打垒"，直到后来我才做了一些住宅的设计。

十、调至杭州后的工作经历及认识

李　浩：王先生，1974 年到杭州以后，您的工作是怎么安排的？

王有智：我和孙栋家都在建设局，他做管理，我做设计。那时候踏勘地形比较多，准备做杭州总体规划，所以说杭州的每个地方我们都用两只脚走过了。那时候人少，只有一个组。那时组里一个他（孙栋家），一个我，还有徐连友、王忠清、杨涌潮这几个。其他还有包海涵，但他调回杭州市又比较迟了。所以，不肯让我们调回北京也是有原因的，当然，我们俩也没有坚决要回去，觉得这里确实蛮需要的，就留下来了。

1980 年国家建委编制天津市总体规划时，曾调我去专家组工作了半年。从天津回来后，总体规划要上报，我就做用地规划。1983 年批复的总规用地规划，就是我做的。当时考虑了城市用地分类，哪些要保留，哪些要迁出，工业怎么考虑，做了很多这方面的工作，最后绘制了用地规划图，写了一个关于用地分析的材料。做完总规后，我就开始做杭州上城区、下城区的分区规划。

我退休是在 1988 年，当时小年轻都上来了，退了也比较好。退休前最后做的是杭州市整个旧城区的分区规划。这个做得比较细，有点像控规，出了一个本子。后来他们基本上照我这个规划来的。

傅舒兰：　"分区规划"是什么样的？可以理解为现在的控规吗？

孙栋家：　从总体规划到详细规划，这中间的跨度太大了，有时候接不上，应该还有一个过渡的地方，所以编制分区规划。

王有智：　分区规划是把城市的近期建设和远期规划结合起来考虑的，对近期修建可以起到比较大的指导作用，也可以作为详细规划的依据。详细规划是东做一块、西做一块的。当时部里面在长沙组织过一次分区规划的交流会议，介绍分区规划（图1-30、图1-31）。

　　　　　我做这个规划前，杭州还没有做过分区规划，但是我觉得还是很需要做的。当时杭州市旧城区里有200多个工厂，乱批乱建，有的地方人都没有，有的地方挤得进不去，城市建设简直无法展开，一定要有一个分区规划来指导管理。有了分区规划以后，什么该保留，什么该迁出就有依据了。

　　　　　所以我就下了点功夫去做。当时带了两个小年轻，调查了很多很细的东西，包括有很多房子的情况都要弄清楚，前后搞了两年多。时间是比较长，所以我退休相对晚一点。这个规划做完以后，马上就退休了。我在杭州市做的工作里，分区规划占了很大一部分。

傅舒兰：　您是在杭州市规划院退休的？

王有智：　最早调过来的时候，杭州市规划院还没成立。1980年代以后，市里才成立了规划设计院。刚刚成立的时候，规划技术人员不够，很多都是从上海、天津等地调过来的，当时我们的办公地点还在武林门，条件很差。1988年退休以后比较闲，那时候还有一些老同志也陆陆续续都退休了，也都没什么事可做，但还能发挥余热。于是，我就又搞了一个以退休人员为主的咨询公司，有退休人员愿意再做一做，就做一做。我呢，就给大家把把关什么的。就这样，还帮助院里（杭州市城市规划院）做了一段时间。后来完全分开，但这又是更后面的事情了（图1-32、图1-33）。

李　浩：　谢谢你们的指导！

（本次谈话结束）

图 1-30 第一次城市分区规划学术讨论会（1983 年，长沙）
注：王有智（第二排右 8）。
资料来源：王有智提供。

图 1-31 第二次城市分区规划学术会议（1985 年，太原）
资料来源：王有智提供。

图 1-32 访谈工作现场留影（2017 年 10 月 9 日）
注：杭州市之江路转塘家园孙栋家和王有智先生家中。

图 1-33 拜访孙栋家和王有智先生留影
注：2017 年 10 月 9 日，杭州市之江路转塘家园孙栋家和王有智先生家中。右 1 为徐美静（负责摄影）。

包海涵先生访谈

那时候，省城市建设局刚刚成立，没有真正的技术人员，我是第一个。在我去之前的两年零三个月时间内，也就是"一五"时期前半段，青海根本没有碰过规划。当时青海很落后，西宁也相当落后，跟江南的小城镇都不能比。真正搞规划，是因为苏联援建"156 项工程"的缘故，那时有几项"156 项工程"还没有落地，国家有意到西宁来看看，作选址。这时候，部里的城市设计院派了一个规划工作组来做西宁市总体规划，我作为地方的唯一技术人员，加入规划组一起做。

（拍摄于 2017 年 10 月 10 日）

包海涵

专家简历

包海涵，1931 年 8 月生，江苏金坛人。

1950 年考入同济大学土木系学习，1952 年院系调整时转入建筑系都市建筑与经营专业。

1953 年 8 月提前毕业，分配到中央军委军事建筑部（北京）工作。

1956—1958 年，转业至青海省城市建设局工作。

1958—1963 年，在浙江省建筑工业厅城建处工作，1960 年下放浙江省机关干部农场劳动一年半。

1964—1984 年，在杭州市建设局和规划局工作。

1985 年起，在杭州市城市规划设计研究院工作，曾任副总工程师。

1996 年退休。

2017 年 10 月 10 日谈话

访谈时间：2017 年 10 月 10 日下午

访谈地点：杭州市凤起路青藤茶馆

谈话背景：《八大重点城市规划》与《城·事·人》（第一至第五辑）出版后，于 2017
年 9 月中旬寄呈包海涵先生。包先生阅读后，与访问者进行了本次谈话。

整理时间：2017 年 10—12 月，于 2018 年 1 月 8 日完成初稿

审定情况：包海涵先生于 2018 年 5 月 8 日初步审阅修改，6 月 5 日二次审阅，7 月 8 日
定稿并授权出版

李　浩：非常感谢您能给我们个机会请教。我们想请您先讲讲您的一些经历，然后再向
您请教一些问题。

包海涵：今天主要是交流，请教不敢当。我先声明几点：

第一，我是一个很"土"的人，很多人说我根本不像个现代的知识分子，为什么？
我既不会用电脑，也不会用智能手机。我现在用的是老年手机，只会打电话、
看短信，不会发短信。我是 20 世纪 80 年代的人，我儿女都说：现在外面的世
界新技术你什么都不会用，一天到晚闷在家里看电视、听音乐。

第二，4 年前，我眼睛黄斑变性，视力不好了。我本来可以看报纸、看书，现
在报纸和书也看不了了。你们的几本书我不可能详细看，只能是标题大致看一
看，很抱歉。

第三，我不善于写文章，也没有理论，很佩服你们能写那么多。我这个人工作
了几十年，写过一些短篇的小文章，稍微长点的我就写不了。不善言辞，实事

求是的，不是谦虚，所以说不出什么规划理论方面的内容，请谅解。

你们可能会有疑问，那你在规划部门几十年怎么混下来的呢？

李　浩：据说您是"杭州的活地图"。

包海涵：自夸一点，我能混下来有两条原因：第一条是我对杭州的现状和规划情况熟悉（不过离开规划院之后，城市发展很快，就不能算了）；第二条是我爱动脑子、出点子，杭州市规划和管理方面不少的点子是我出的。我凭这两点，从1964年调到杭州，包括1996年退休后返聘，一直到2007年才离开规划岗位。

一、家庭背景与同济大学的学习经历

李　浩：包先生，可否先请您讲一讲您的家庭出身和教育背景？

包海涵：好的。我是1931年8月出生于江苏金坛，抗战时随父母在重庆读小学和初一。先讲教育背景——为什么学了城市规划。

我看到邹德慈院士的访谈[①]以后，很有感触，因为我的大学经历跟他有些相似。我比他早一年考入同济大学。我喜欢画画，1950年高中毕业时，高中老师说：你喜欢画画，最好考土木建筑类。当时自己也不懂哪一类是什么概念，老师这么说了，我就听了。

1950年高考，全国有两个统考——华东统考和华北统考。华东统考是国立大学，我报名考了，当时私立大学不参加统考，私立大学我报考了之江大学建筑系，这两个都录取了。华北统考我也参加了，但是名落孙山，没有录取。

所以，当时就需要在私立之江大学和上海的国立大学里做选择，究竟读建筑还是学土木。我本人的意愿是建筑。后来一打听，之江大学的学费相当高，连宿舍都要交费，并且南北不同朝向的宿舍价格还有差异，跟父母商量以后，觉得家里当时不宽裕，承担不起私立大学的费用，所以最后还是选择了国立同济大学。

李　浩：您父母是什么职业？

包海涵：关于家庭出身，我后面会讲到，解放前两年我父亲就是工厂职员了。

接着刚才说的讲，我最后是进到了同济土木系。那时还没有院系调整。当时，同济大学有五个学院，工学院有五个系——"机、电、船、土、测"，测量系是我们国家唯一的测量系。土木系一、二年级上基础课，到三、四年级分四个专业：结构、铁路、水利和市政四个专业。金经昌老师当时就是市政专业的教授。这四个专业，我想了想：去结构根本不可能，我数学不行；铁路、水利要经常到外面跑，我不乐意；我要留在城市。所以，当时我想的是到三、四年级我去读市政。

---

① 参见《城·事·人——新中国第一代城市规划工作者访谈录》第三辑。

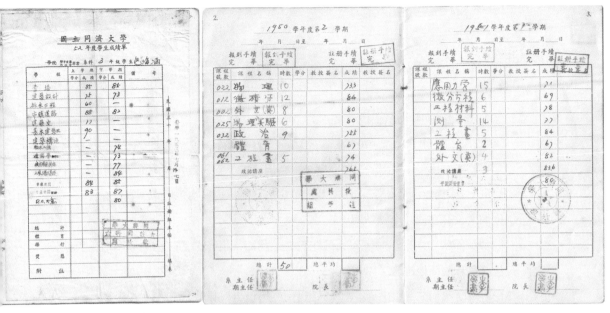

图 2-1　学籍成绩册部分内页（1952 年）
资料来源：包海涵提供。

但是，读了一年半，就开始院系调整。上海所有的国立、私立大学的土木建筑类系，包括杭州之江大学的建筑系都合并到同济，同济就变成了土木建筑类的大学，其他的机械、电机、造船这些专业统统并到交通大学去了。同济的测量系就调到武汉创建城市测量学院。

后来，我就选了都市建筑与经营专业。当时，老同济土木系的同班同学一共有五十多个人，就我一个人选了都市建筑与经营这个专业。本来还应该读两年半的，因为 1953 年政务院（1954 年改称"国务院"）提出，为迎接第一个五年计划，凡 1953 年、1954 年毕业的理工科学生提前一年毕业，所以进入都市建筑与经营专业只读了一年半，真正学到的东西很少。

你看，我的学籍成绩册里有每个学期的课程，前面一年级、二年级上学期就是土木系的基础课，到二年级下学期以后才有建筑设计、市政道路等专业课（图 2-1）。当年，我们就学了这么点东西，杂七杂八的什么都有，包括煤气供应都有。我记得煤气供应这门课是上海煤气公司的一个工程师来上课，他不怎么讲专业知识，就吹牛，讲他怎么厉害，我们就像听故事一样。

1953 年就毕业了，开始填志愿搞分配方案时，我记得管分配的老师问我：你愿不愿意留校？我说不愿意。你们一定想：为什么不愿意留校？留在上海不是挺好的吗？但你们不晓得那时候的情况，助教每堂课都要跟着听课，坐在学生后面跟着听。那时候上课模式学习苏联，上午要上 6 节课，上到下午一点多钟，中间发一个馒头，上到第五、第六节的时候实在是没有精神，打瞌睡了。

所以，我觉得当助教没什么意思，不愿意留校，而且当时我的第一志愿是到武汉，还不愿意到北京。但第一次分配时，还是去北京，跟其他大多数同学一样。

二、在军委军事建筑部参加工作之初

李　浩：您参加工作的时间是在 1953 年 9 月？

包海涵：8 月上旬，工作分配就定好了，但走之前突然说暂停，说是部队要人，要重新分配，要把少数人分到部队去，我就被选到部队去了（我当时是团员）。当时，我们班上有两个人被分到部队——我和黄宣本，他（黄宣本）后来一直留在部队。

李　浩：你们两位是在同一个部队吗？

包海涵：同一个部队。乘火车时带着大红花走在最前面，很光荣的。但两年多后，我就从部队灰溜溜地出来了。

　　记得当时我们先到北京部队干部处报到，那里再安排我们到工兵司令部报到。工兵司令部还附设了一个"军事建筑部"，听起来很好听，实际上不是搞建筑的，而是做国防工事。真正搞建筑的是后勤部队营房处。取"军事建筑部"的名字是为了保密。

　　我们两人被安排在军事建筑部下面的战术勘察处，是领导机关，不搞具体业务，主要工作就是收集国防工事的情况，标在图上，供领导审视，比较机密。

　　我到军事建筑部工作之后，偶尔出差，平时就没有什么事情做，整天看报，一到休息时就打扑克。过了一段时间，我发现我的同学都在全国各大城市搞规划，心里很羡慕，就想自己也要弄点事情做。后来有一次，领导带着我们拜访王淦昌（物理学家），听他讲原子弹的防护知识，但很难懂。王淦昌给了我们一本专业书，叫《原子弹的效应》，是英文的。虽然在中学和大学的时候我已经读过几年英文了，但靠那点儿英文水平根本看不懂这本书，领导叫我翻译，我实在没有这个本事，没办法，硬着头皮做，后来实在翻不出，只有停下了。

　　另外，有空我就继续学小提琴。我比较喜欢古典音乐，在上海读书的时候就学了。当时，到上海音乐学院的一位助教家里学。到了部队以后，有空就拉小提琴。但光自己拉琴，进步很慢，我就去找老师。当时去北京东四那里，有个卖旧货的市场，有古典音乐的唱片卖，手摇留声机的那种。我问他们哪里可以学小提琴，问了好几个摊，有一个商人说东单的一个胡同里有一位外国人教小提琴。我就去学了。

　　是个波兰人，60 多岁的样子。我每个礼拜去学一次，一次半个钟头，一块五毛钱，一共六块钱一个月。那个时候，部队是供给制，我这个正排级，每个月津贴只有十九块四毛。我们单位在北京西郊五棵松附近，每次去学琴，不管天气多冷、多热，骑自行车去东单学琴，是很辛苦的。

　　到 1955 年，开始"肃反"。当然，你们都没有经历过。1950 年在学校里有一次，是"镇反"，当时学校里有几个人被抓了。我在学校里看到过"土改"、"镇反"

和"三反、五反"，建工学院院长李国豪都被隔离审查。到1955年"肃反"时，我在部队成了"肃反"对象。问题有两个。

第一个问题：家庭出身有问题。我父亲解放前曾在国民党军需署做过科员，属于后勤部门，有中校军衔。解放前两年，他看形势不对就离开军需署，在上海一个针织厂里找了个总务的工作。我因为父亲曾是国民党军人，所以家庭出身就不好了。

第二个问题：我跟波兰人学小提琴，这叫"涉外"。我当时不知道"涉外"的严重性。因为我所在单位属机要单位，不允许有"涉外"关系的人工作。

于是，到1955年底，"肃反"之后，就叫我离开部队。那时候，可以选择"复员"或"转业"，随我选。"复员"是回上海，由民政部门安排工作，"转业"是同级别调转到地方工作。我想想，"复员"不大好听，走时戴大红花，才做了两年零三个月的军人就"复员"回来了，一定是犯了错误。想了想，我还是"转业"吧。那时候，北京有一大批军人转业，整整一列火车的人，统统是转业去青海的。

三、在青海省城市建设局的工作经历

包海涵：1955年底，我离开北京，到青海西宁的时候已经是1956年初了。当时被分配到青海省城市建设局，专业对口，级别是三级技术员。

那时候，省城市建设局刚刚成立，没有真正的技术人员，我是第一个。在我去之前的两年零三个月时间内，也就是"一五"时期前半段，青海根本没有碰过规划。当时青海很落后，西宁也相当落后，跟江南的小城镇都不能比。真正搞规划，是因为苏联援建"156项工程"的缘故，那时有几项"156项工程"还没有落地，国家有意到西宁来看看，作选址。这时候，部里的城市设计院派了一个规划工作组来做西宁市总体规划，我作为地方的唯一技术人员，加入规划组一起做。

李　浩：是不是万列风、赵士修、刘德涵他们三个人？他们去过青海。

包海涵：不记得有没有他们，只记得工作组中有唐天佑——我的同班同学，还有王福庆，是负责道路的，我只记得这两个人。其他还有几个人吧。他们一个工作组，我是工作组里唯一的地方人员。

"一五"时期我参加的规划工作，就是西宁市规划。西宁市规划拖了蛮长时间，后来说要搞经济分析，但院里人手少，能做经济分析的只有一个姓孙（或沈）的人，他不可能跟到西宁来，要搞其他城市。所以我就去北京，跟着他们到城市设计院学习怎么搞经济分析。

我在城市设计院待了一个多月。那时候，院里很多人都经常出差，王福庆的房间里有人出差了，床空了，我就住到那里，住了一个多月。因为所有的规划工作都是城市设计院统一组织的，我作为地方参与人员，最后规划的成果也没有看到过。

西宁还有一个特别的情况。西宁市虽然是个省会城市，但没有规划部门，刚解放不久，市里面就管管市政道路，规划完全由省里管，规划管理也是省里管。所以我在西宁不光是做规划，连拨地都是我来画红线。

李　浩：等于您把省里的事也都管起来了？

包海涵：省里就管西宁，外面其他县城就没有什么事。这时候，不论规划还是管理都是我做。我还按照文教区规划，批过两个学校的地。

李　浩：哪两个学校，您还记得吗？

包海涵：记不得了，都是专科学校。

李　浩：当时他们服从管理吗？矛盾大不大？学校会不会多要地？

包海涵：没有，那时候我给他们多少就是多少，没有争论。到了1957年，那时候来了一批新人。邹德慈院士同班的两个同学屈福森和孔繁德就调到我们这里来了。屈福森跟我一起考进同济土木系的，他后来生病停学了一年，降到跟邹院士一个班。他们两个调来了。还有上海城建学校毕业的一批中专生，也调来了。这样，就不再是只有我一个技术人员了。

到1957年时，我因为身体不舒服，头昏、气喘，到青海省人民医院去看病。医生一量血压，说我血压高。我那时候才26岁，就血压高，我本身就不喜欢西宁，生活条件很差，一天就一瓶热水，吃、喝、洗脸、洗碗、洗脚就是用一瓶水。还有吃青稞窝窝头，很不习惯。我就想离开西宁了，就问医生：我的高血压是不是高原反应？适不适合在高原工作？西宁海拔2300米，比泰山还高，泰山才1500米。医生说，你年纪这么轻就血压高，最好调离这里。我就请医生开了个证明，上面写"不宜在高原地区工作"。

我当时胆子很大，把这张证明直接寄到国务院人事局，请求调动。国务院人事局的回信是让我通过单位人事部门与他们联系。当时，我们单位的人事科长是跟我一起转业的，也是北京来的，团级干部，他帮了我的忙，说组织上同意，你能走就走，不强求留下。过了一段时间，组织上没有回应，他就让我先回上海，不要整天无所事事地在这里等通知。那是1958年初，我回到上海等消息。等到1958年6月，国务院人事局给青海省发通知时，青海省城建局都已经撤销并入青海省计划委员会了，成为省计委下设城建处。国务院人事局是给青海省计划委员会人事部门发函，调我到浙江的。

李　浩：为什么把您派到浙江？这是您提出意向，还是有人帮忙？

包海涵：我的意向是回上海，但回不去。我家在上海，父母亲都在上海，可是回不去。

上海蛮难进的，除非"复员"，才可以回上海，我就想：当年如果我选了"复员"该多好！

这么一来，我就到浙江省报到了。浙江省人事局把我分配到浙江省建筑工业厅。建筑工业厅下面有一个城建处，我就到了城建处。城建处刚开始也没有技术人员，就是个管理处，没有正处长，有两个副处长，一个副处长是解放前中央大学学建筑的，是建筑师，另一个副处长是位老干部。

李　浩：他们两个副处长的名字，您还记得吗？

包海涵：中央大学毕业的叫宋云鹤，后来做过杭州市园林文物局副局长，前些年生病去世了。

李　浩：您从青海出来，虽然没有回到上海，但是能到杭州，也是很幸运的——杭州这个城市很多人都很向往，连毛主席都特别喜爱杭州，您的调动算是成功的。

包海涵：那时候没有关系，也没有托谁，根本没有，就是写报告。那时候的人事部门还没有官僚主义，还比较人性化。

李　浩：可能是医院的诊断证明起了很大的作用。我想，除了您之外，到青海工作的其他同志，在省城建局的，可能也有想走的。后来这些人走的多不多？

包海涵：走了好多。我刚才说的上海中专的有几个人走了，还有邹院士的同学孔繁德也走了，他也因病调至江西的一个城市工作了，去了鹰潭或是上饶。

李　浩：所以，还是有好多人调回来了。

包海涵：是的，很多人回来了。这里有一件很好笑的事：有一次我出差到城站火车站[①]，大家排队买早点，有一个人插队进去要买，我一看就火了，我把他拉出来，说：你排队好不好？结果一拉他，发现他是西宁的一个同事，他后来调到嘉兴工作了。你说巧不巧？

李　浩：您在西宁搞规划工作的时候，苏联专家有没有去指导过？

包海涵：在我待在西宁的两年多的时间里，苏联专家没有去过西宁，我没有接触过苏联专家。巴拉金和穆欣是什么样子，他们怎么勾画杭州规划图的，我都是到杭州以后才听说的。

李　浩：西宁的规划工作受苏联专家或者苏联规划理论的影响大不大？那里有没有强调要全面学苏联？

包海涵：没有。西宁这个城市是十字形的，城市没有办法成环，城市有几条河沟，西宁城西边的地稍微大一点，北边这条沟稍微宽一点，叫北川，准备布置工业区，西宁的规划中把苏联援建的"156项工程"剩下的几个厂布置在这个地方。西宁没有多大发展的余地，因为受地形的限制很大。

---

① 即杭州火车站，杭州本地人也叫"城站"。

四、1958—1964年在浙江省建筑工业厅的工作经历

包海涵：我是1958年6月份到建筑工业厅城建处的。到了9月份，又有同济大学三个城规专业毕业的学生分配来了——三位女同志。又过了一段时间，其他学校学道路的、学给水排水的、学建筑的一些毕业生也来了，城建处开始正式搞业务工作了。

最早，我们是搞人民公社规划，都是比较小的点。那时候"大跃进"。比如说安吉县晓墅一带有铁矿，要建钢铁厂，我们就去规划钢铁厂怎么摆，住宅区放哪里。1958年主要是搞这方面的工作。

1959年，我们城建处做了一个比较正规的规划，就是宁波市的总体规划。同济大学的老师带了四十几个学规划的学生到宁波来实习，省里主要就是我们这几个人参与，还有浙江工业设计院（浙江省建筑设计院的前身）规划组的几个人，还有宁波市建设局的两个人，由我们的副处长统一组织，一起做宁波市总体规划。

这个规划因为是以学生实习为主，不是正式委托，后来没有经省里批准。我做的比较大的规划就是宁波规划。其他零星小的规划就是县域规划，比如衢州、金华、奉化、慈溪等。县域规划做的是村点布局、道路、水利等方面，也是快速规划，不到一个月做出来的规划。

那时候，江华是浙江省委书记（后来是审判"四人帮"的最高法院院长），当时他说浙江"倒霉就倒在没有煤"。当时，省内只要发现一点"煤"的迹象，就当大事。浙江长兴首先发现了煤矿，建德、江山也发现了"煤"，于是那些地质专家也很浮夸，说浙江西部从长兴经建德到浙西南的江山，是一条很长的"煤"储藏带。于是领导来劲了，在这两个地方大搞前期建设，我们就跟着搞道路和矿区生活区规划。光建德、江山，我就跑了很多趟，连铁路都修进去了。但最后只发现一点点煤，还是石煤，根本不能用，结果不了了之，造成很大的浪费。

李　浩：您说到人民公社规划，有没有一两个比较有名的实例？

包海涵：比较有名的在杭州郊区，余杭的塘栖人民公社的规划，就是我们做的。

李　浩：对于人民公社规划和快速规划您怎么评价？这些规划对实际工作有没有起到一定作用？

包海涵：没有什么作用。那时候"大跃进"，一两个星期做一个规划，能有什么作用？

傅舒兰：当时做的这些规划的资料大概都没有了吧？

包海涵：肯定没有了。西宁规划后来是否有，我已离开，不知道了，但西宁的规划是城市设计院组织做的，不知道你们院（中规院）里有没有。

李　　浩：我没有找到。当时还开过几次比较大规模的全国规划工作会议，比如青岛会议、桂林会议等，这类会议您参加了吗？

包海涵：我只参加过一个会议，就是桂林会议。省厅一个副处长带队，我、杭州市一个规划工程师、宁波市建设局局长、湖州市建设局局长等六七个人参加了桂林会议。桂林会议的精神是什么我有点忘记了，好像是"大跃进"，要搞现代化城市。

李　　浩：您记得没错，就是"大跃进"，要搞现代化城市。

包海涵：会上，我看了展览，现在唯一的印象就是杭州市的工业区在1∶10000的图上只有一小块，但兰州市规划图有那么长，工业区那么大一块，这个了不起。有这么个印象，其他都不记得了。

后来，形势慢慢发生变化，规划不搞了。处里不直接搞规划，人员也逐步调走了。我看到《城·事·人》访谈录中，有好几个人都下放过"五七干校"，当时我是被下放到了浙江省机关干部的农场，一年半时间。

李　　浩：那是中央提出"三年不搞城市规划"的时候，三年困难时期吧？

包海涵：对，1960年11月下放，一直到1962年中。农场就在良渚镇过去一点。我在那里劳动了一年半。回来后，处里的人都走光了，只剩下5个工作岗位，我只能等待分配。

李　　浩：您在浙江省建工厅工作的时候，省厅负责杭州市的规划吗？

包海涵：一般不管的，就只有一次。杭州市的延安路中段，从解放路到庆春路，叫湖滨地区，市政府和建设局都把它当宝贝，规划了一次又一次，请了全国著名的建筑师来做过。我当时在建工厅参加过的跟杭州市有关的，就只有这个湖滨地区的规划，我后来还写过一篇《也谈杭州湖滨地区规划》的短文，谈了我的独特观点。

李　　浩：您等待分配的时间挺长的，从1962年夏天一直等到1964年初？

包海涵：是的，时间是蛮长的，但我后来也还是在处里工作的。工资还是一样发，只是不在编制范围内。当时，我们的副厅长余森文调到杭州当副市长，他是社会知名人士，我就写信给他讲我现在在厅里等待分配的情况，问能不能到杭州市来工作。就这样，1963年底，把我调到了杭州市，1964年初报到。

五、在杭州市建设局的工作经历

包海涵：1964年初，我到了杭州市，之后的工作时间全部在杭州从事规划和管理工作。我是1996年65岁退休，之后一直返聘到2007年，一共43年。

我到杭州时，开始在杭州市建设局下面的一个规划设计处工作。里面有规划、土建设计、市政设计、测量勘探，四大业务，我们是规划组，有15个人。

傅舒兰：在您继续谈1964年后的工作情况前，想先插入一个问题。不知道您对杭州

"一五"时期的规划是否有了解？据我所知，杭州是苏联专家最早进行了总规指导的城市之一，当时城市设计院还没成立，很难找到了解情况的人。

包海涵：虽然我在调至杭州市建设局前，1958 年就到了杭州，但"一五"时期的杭州规划，直到 1964 年我到杭州工作后才听说苏联专家穆欣、巴拉金和波兰专家萨伦巴——这三个专家到杭州来做过规划。

巴拉金指导的城市规划总图在您（傅舒兰）的书里有的（傅舒兰著《杭州风景城市的形成史》106 与 107 页，图 2-2），第二张比较正式。后来莫斯科有个城市规划展览，就把那个规划很仔细地装订成册，送到莫斯科展览了（指 1958 年国际建筑师协会莫斯科大会及会议资料集）。这本东西我见过，现在不知道还在不在档案馆了。

"一五"时期，杭州市规划为"休疗养城市"，不知道是穆欣还是巴拉金提出来的，空军疗养院、陆军疗养院、海军疗养院就是那时候建的。

另外，"一五"期间，1954 年、1955 年的时候杭州附近的舟山群岛还没有完全解放。打一江山岛时，我还在部队。所以，当时浙江和福建是前线，国家不作重点投资。"156 项工程"里面没有杭州的份儿，规划了半天，没有项目，就没有钱。上面说到的湖滨地区规划了无数遍，一直没有得到实施就是因为没有钱。

李　浩：那您觉得"休疗养城市"这个定位怎样？对不对？西湖周边该不该建疗养院呢？

包海涵：把杭州先定位为"休疗养城市"，我认为是不妥的。因为光靠疗养是养不活杭州的，必须要有些实业，才能解决就业和财政收入问题。巴拉金的那张图在九溪附近规划了疗养院，西湖环湖是没有的。但实际上，环湖建了很多，空军、海军、陆军疗养院，都是军队的，当然，后来也有地方的，比如省总工会的。我认为在九溪那里建几个疗养院还说得过去。但在西湖四周建这么多疗养院，且占据了重要位置，我感到就不妥了。

李　浩：所以，位置不合适。国家领导人来杭州，一般是在哪儿下榻？

包海涵：国家领导人来杭州，听省招待处的同志讲，原来一般是住西湖国宾馆（刘庄），后来住西子国宾馆（汪庄）。"一五"时期的实际建设过程，我不是很了解。但从结果看，疗养院占据了西湖很多要害的地方，不光是疗养院，还有一些其他建筑。比如西湖小学，在海军疗养院的北面，现在叫音乐学校。

另外，我也一直不是很清楚为什么巴拉金版的规划后来一下变成了 1959 年版的规划，反正 1958 年、1959 年杭州建了很多工厂，大概是"大跃进"之后大办工业，边规划、边建设吧。

李　浩：也就是说，杭州有一段工业化大发展的时期，是吧？

包海涵：那时候，杭州市本身的工业是少数，且较小，大多数较大的工厂是省里建的。从半山钢铁厂向南下来一直到萧山，建了十几个较大的工厂。所以后来除了风景、

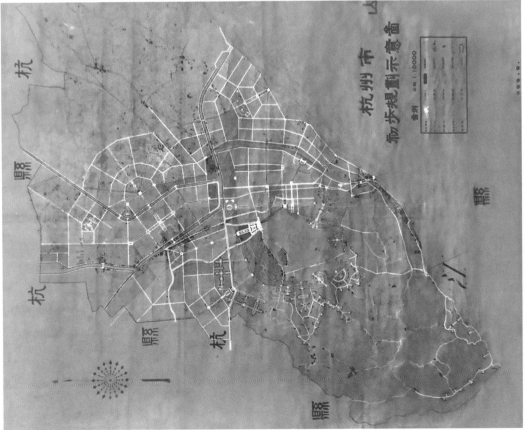

图 2-2 1950 年代杭州市总体规划图

资料来源：杭州市规划局提供。

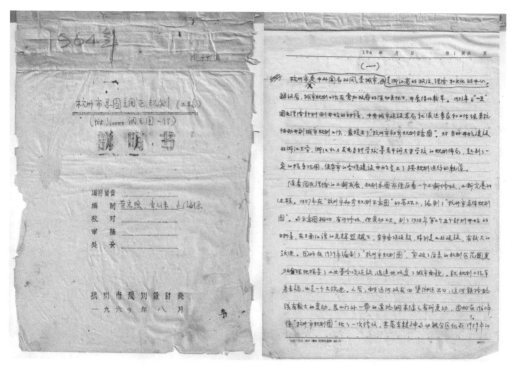

图 2-3 包海涵手稿：1964 年 8 月撰写的杭州规划说明书
注：左图为封面，右图为正文首页。
资料来源：包海涵提供。

休疗养城市之外，还要建成综合型工业城市。这就开始争论杭州的城市性质了。
1959 年这版规划只经过市委市政府批准，没有经过省和国务院审批，但杭州市
当时是按照这个规划实施建设的。我一到杭州，看到的就是 1959 年规划的实施，
杭州郊区在大搞工业建设。后来 1964 年调到市里后，我就开始做这版总体规
划的调整规划。组长也同意我做这项工作，于是经过调查，画了一份总图，写
了一份说明。

李　　浩：1964 年的总规调整，思路主要是去掉一些工业吗？

包海涵：我 1964 年到市规划处，那时候，我想，我在厅里等了那么长时间，到了新
的单位就想表现表现自己，所以对规划提出了一些修改意见，写了一本说明
（图 2-3），画了一张规划图（图 2-4）。这个规划不是去掉工业，较大的工
厂已基本建成，我不可能调整，我调整的主要是城里的很多小工业，想迁出去
一些。因为居民区里有很多办起来的有害工厂，规划第一件事就是把这些有害
的工厂迁出去。

这张总规图（图 2-4）是我到杭州市画的第一张图。主要内容：第一个是调整
在居民区内的有害小工厂；第二个是路网调整；第三个是文教区过分集中，我
不赞成，一到寒暑假，文教区清清静静，没人了，整个文教区的摊子铺了很大，
生活很难组织，所以文教区不要过分集中；还有一个问题是较重要的——杭长
铁路的线路问题。但这个规划没有上报就熄火了。

傅舒兰：为什么没用上？

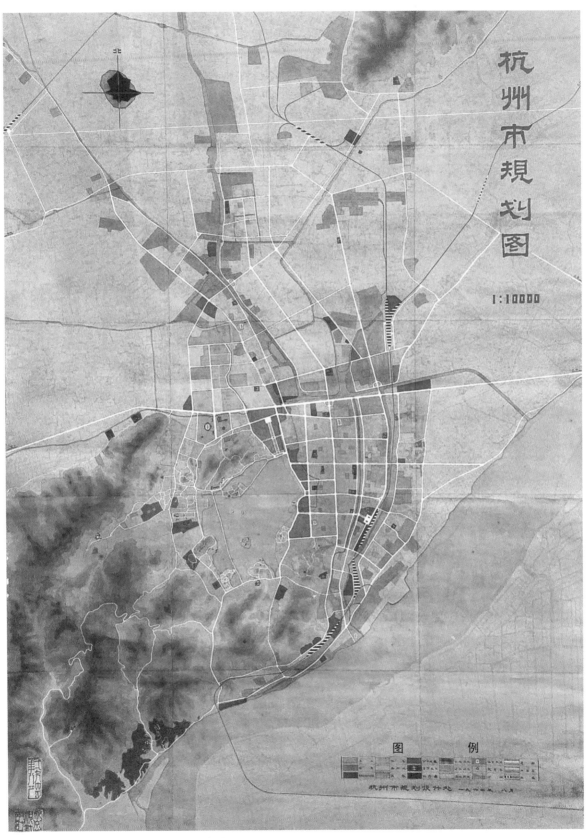

图 2-4　杭州市规划图（1964 年）
资料来源：杭州市规划局提供。

包海涵：当时，这份总体规划调整图，两个组长都认可。到了局里面，就说规划是否调整先要报市里同意。其实1964年这个方案连报都没报上去。

但是杭长铁路的改线问题，还是起到了很大的作用。长兴不是出煤吗，铁路是地方投资，把煤运到杭州。这条铁路在城市内部的改线是我在1964年调整规划的最大贡献。1964年的规划，局里领导没有批。但是这一点为什么得以实施呢？因为我们的组长直接把我这条意见反映到市里了，市里认为这是个问题。具体说来是这么一回事。杭长铁路原设计从艮山门铁路站沿绍兴路北上，路基土方工程大多都已经做好了。我研究了一下，认为如果真的按照绍兴路这条线走，城市就要被分割成好几段了。再往北，有一条杭钢的专用线。我就提出，可以让杭长铁路与杭钢的专用线合并，统一走杭钢专线，也就是现在火车北站这条线路，可以避免城市被铁路再分割。我们组长认为这个意见是对的，就向局里、市里领导汇报，等市里同意，然后与省属的杭长铁路指挥部商量，开始他们不同意，认为杭钢专用线技术条件不够，经过协商，最后他们同意提高该线级别。改线成功，使绍兴路得以保存。

这个修改，真正落实到法定总规中是1983年。后来的1973年、1983年、1985年、1996年和2001年，共有六版总规草图，也都是我构思后画的，一共画过六张杭州市总体规划的草图。我这个人的文字功夫和语言功夫不行，但总图和其他规划构思还可以。

李　浩：1973年还有一版杭州总规？

包海涵：是的，1973年。当时，设计处没有了，只有我和另外一个同事留在局里，科里一共有约10个人，又搞规划又搞管理。规划需要根据"文化大革命"的思路调整，要到部里面去汇报，就画了这张图。总图实际上就是把现状稍微勾勒一下，当时市里取了个口号叫"革命化的风景城市和社会主义的工业城市"。当时是我们科长带着图到北京汇报的。只是把杭州的情况向部里汇报了一下，其实不能算正式的总规。

李　浩：我有个疑问，"文革"期间各方面不是挺乱的吗？为什么还让做规划总图？

包海涵：当时大的建设项目都没有了，但零零星星的建设还有，比如检阅台、武林广场和万岁馆，西湖风景区的一些工厂要迁出，在食品工业区和居民区中的一些有害工厂要搬迁，就要规划几块相应的工业用地安排。把城市规划的这些变化情况集中在一张总图上向部里汇报，的确不能算作一次总规。您的疑问是对的。

傅舒兰："文革"时期好像进行了机构调整，成立了市革命委员会，局里跟他们是怎么样的关系？

包海涵：市革命委员会就是市领导单位，市革委会下面有一个基建办公室，我们的工作受他们的领导。有关规划、管理方面的工作，我们提出方案，由他们组织各有关部门每星期开一次会，集体讨论，最后结果由他们决定。

傅舒兰：这个期间好像还是有一些大型建设项目的，听说体育场路上的市体育馆、武林广场都是那时候建的。

包海涵："文革"期间，武林广场和万岁馆（"毛泽东思想胜利万岁展览馆"的简称，现浙江展览馆）算是大项目了，省里负责建馆，市里负责广场，延安路原来是直通环城北路的，为了使万岁馆坐北朝南，把延安路这一段废了，建了10万人集会广场和游行路线，拆迁了工厂和居民。

李　浩："文革"当中对西湖的破坏，指的是破坏文物还是别的什么？

包海涵："文革"当中对西湖的破坏主要是所有的寺庙都被工厂占用了。大多是"电子仪表"工厂，污染不是很严重。灵隐寺除大殿以外，两边的附房也被工厂占了，和尚、法师没有地方住，都迁出去了。

李　浩："文革"时期，工厂占寺庙是一个方面。除此之外，西湖内的私搭乱建多吗？

包海涵：私搭乱建的最大项目是"704工程"，即现在的浙江宾馆，当时谁也不敢过问。私搭乱建最多的是农民、茶农。当然也有一些建设不是私搭乱建，是没有办法、不得不批准的违规建设。总的来说，"文革"时期，我们规划管理部门没有主动批过在西湖景区内的建设项目，这一点原则还是掌握的。

后来就是专门为了把西湖景区的厂迁出来，我们在天目山路学院路口到教工路口这一带，就在"老杭大"（现浙江大学西溪校区）的西面，划了一块地，规划为电子仪表工业区，鼓励他们迁出来。

虽然当时的杭州市总体规划中已经有了一个电子仪表工业区，再留下（现在小和山高教园区的位置），也已经有三个厂在那里。但在西湖风景区内的厂，不愿意迁到那里。一是太远，二是没有基础设施，给水有问题。当时，城市自来水还没通到那里，只能打井取水，听厂方讲，天旱的时候打到300米还没水。所以，只能在靠近城市中心区的位置又批了一个电子仪表工业区，有电视机厂、电子仪表厂等好多家仪表工厂迁去，逐步把庙宇让出来。

傅舒兰：全面恢复规划工作是1981年吗？

包海涵："文革"之后正式搞规划是1980年开始的。那时候规划局直属市建委，总体规划编制工作由市建委副主任吴承棪直接抓。规划局成立了一个班子专门搞这轮总体规划编制工作。我当时主要还在做管理工作，由于在此之前我边规划、边管理，整个城市布局我最熟悉，所以总体规划的总图仍由我最后成图（图2-5）。最后一整套总规的内容由规划小组编制完成并上报，1983年获得国务院正式批准。

傅舒兰：1983年总体规划除了原有的那些工业外，又增加了一些工业用地。杭州那些大厂都是在1958—1959年的时候建的。

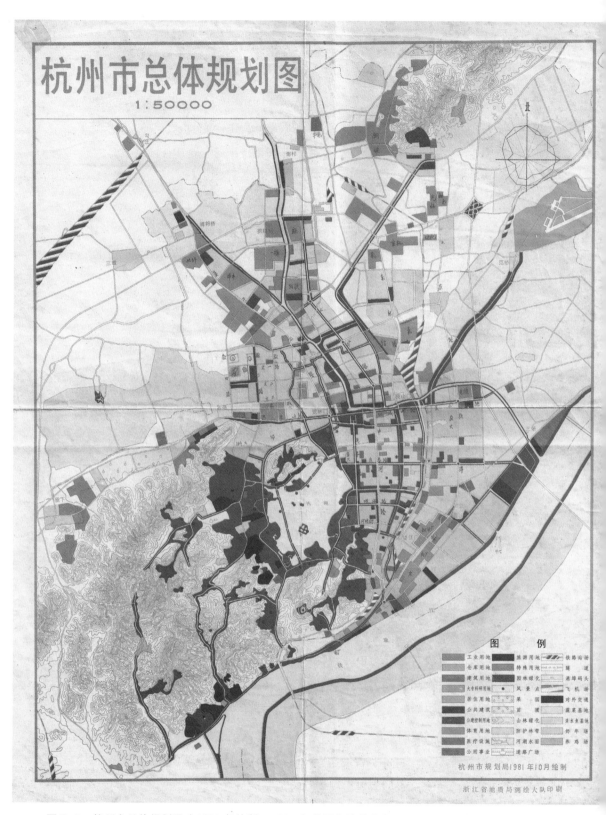

图 2-5　杭州市总体规划图（1981 年编制，1983 年获国务院批准）
资料来源：杭州市规划局提供。

包海涵：对，但 1983 年总图里面增加了几块工业区。

最早的时候，运河因造纸厂污染严重得不得了。我于 1958 年来杭州，参加的第一个规划就是塘栖人民公社规划，当时，整个运河一直到塘栖河水都像墨水一样。后来造了杭州第一条污水干管，沿着莫干山路下来转环城北路、大寨路（即现莨山西路），一直到三堡出口，这里建了一个污水处理厂。大多工业排污都靠这条污水管，所以沿着污水管，我们规划了几个工业区，安排了化工、医药、电镀等工厂。

傅舒兰：原来如此，这样就能解释 1981 年城市工业用地的情况了，之前我完全想不出来为什么是这个样子的。那为什么在 1983 年获批没多久，1985 年又做了一次总规修改？

包海涵：主要因为铁路方案的修改。原来 1983 年的总体规划中，铁路方案除了城站客运走一桥这条线之外，货运是走西线，编组站设在三墩。后来因为客货运大量增加，老钱江大桥是单轨，不堪重负，所以要建第二条过江铁路。铁路部门研究后认为原方案不现实（虽然这个方案也是他们老早提出来的）。第一个原因是杭州西边有部分是沼泽地，地质地基很差。第二个是线路较长，要多花 9 个亿。铁路方案后来就改成现在这个东线了，由这个引起了 1985 年总体规划的修订补充（图 2-6）。

李　浩：铁路从西线调整到东线，跟城市关系比较密切了，您觉得对城市发展来说更有利，还是有一定阻碍？

包海涵：原来市里同意东线方案是有条件的，即要求客货运全部都走东线，城站这条线全部废除掉，铁路部门当然不同意，多次协商未果。后来，万里副总理亲自来杭协调，提出城站暂保留 10 年过渡，就这样定了下来。后来，城站非但没有拆除，还进行了扩建、改建，还把原来的站前小广场都占用，将永远保留下去了。城市东部将永远被两条铁路分割。

但从另一个角度看，如果铁路按照原来的西线方案不改，也有很大问题。货运车从三墩编组站南下必然要穿过整个上泗地区，过江与浙赣铁路相接。这样，现在正在蓬勃发展的上泗地区将面目全非，严重影响了该地区的发展，而城站则因高铁、动车、城际铁路等的发展也必然不能适应而必须另辟新线。

所以，综合起来分析，铁路西线改东线，对城市来说还是有利的，对铁路的运行来说也更顺畅（图 2-7）。

傅舒兰：后来几次总规就主要是因为行政区划调整做的吗？

包海涵：对，行政区划调整对城市来说是件大事。城市规划必须作相应的调整。当时杭州的土地面积只有 430 平方千米，其中还有约 1/4 的土地是西湖风景区和山区，根本不能适应人口增长和经济发展的需要。省里也看到了这个情况，于是 1996

图 2-6　杭州市总体规划修改补充草图（1985 年）
资料来源：包海涵提供。

图 2-7　在杭州市总体规划修改补充方案讨论会上的留影（1992 年 10 月）
注：包海涵（右 1）。
资料来源：包海涵提供。

年决定将萧山和余杭邻近杭州的各三个乡划给杭州，使杭州的面积增至 680 余平方千米。这样，看起来城市有所扩大，但实际上可用的土地是有限的。因为余杭区已将紧靠杭州东、西两边的土地大量出让给了开发商，建了不少住宅和别墅，萧山市也有部分土地出让建了工厂和住宅等，再加上还要保留 6 平方千米供省里使用。所以，从用地的角度来看，这次调整的意义不是很大，反而要为新增土地上的已建住宅补建基础设施。但是，从城市道路网的规划完善来说，却有较大的意义，调整规划中跨钱塘江的多座大桥就得到了落实（图 2-8、图 2-9）。

第二次行政区划调整，是在 2001 年。国务院批准将萧山和余杭两市全部并入杭州，以彻底解决杭州的发展问题，在此之前的 1990 年，我写过一篇文章，就提出了将萧山和杭州合并（图 2-10）。现在终于实现了，非常高兴。

三市合并之后，杭州的面积达到了 3680 平方千米，城市总体规划等于要重新编制。但是由于范围太大，规划一下子难以入手。当时局里主持这项工作的阳作军副局长多次督促先拿出一个方案来讨论。这时，出于对杭州规划工作的热爱，我虽已年逾古稀，但作为顾问，我自告奋勇地独自构思总体规划方案。经局审会议三次讨论后，认同了我的总规方案草图（图 2-11）。后经院总图室全体同志不断广泛征求各方意见，深入完善，最后编制完成，成文成图，装订成册，上报省和国务院，于 2007 年批准了这个总规。

这里我多说几句，以自我表扬一番。这个规划我自认为有五个亮点：

第一，城市跨江向东发展，将江东作为杭州的主要产业发展基地。根据现在的

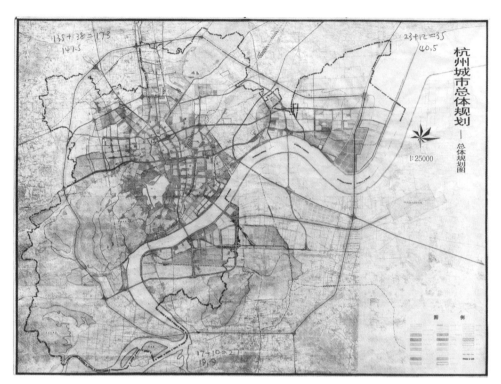

图 2-8　1996 年修订版杭州总体规划总图
资料来源：包海涵提供。

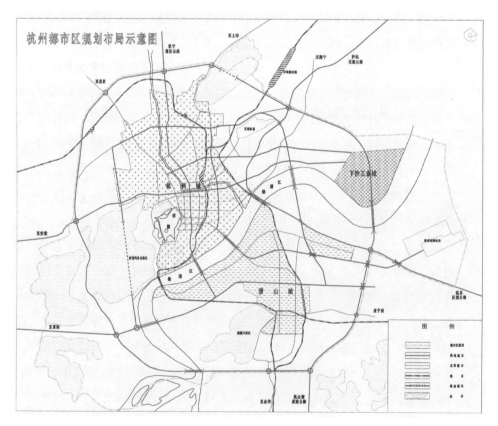

图 2-9　杭州都市区规划布局和路网示意图（1996 年）
资料来源：包海涵提供。

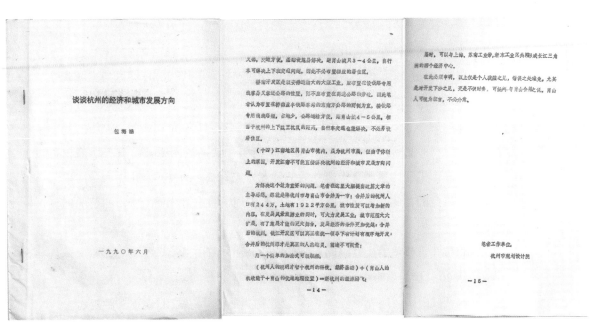

图 2-10 包海涵先生所写《谈谈杭州的经济和城市发展方向》一文（1990 年）
资料来源：包海涵提供。

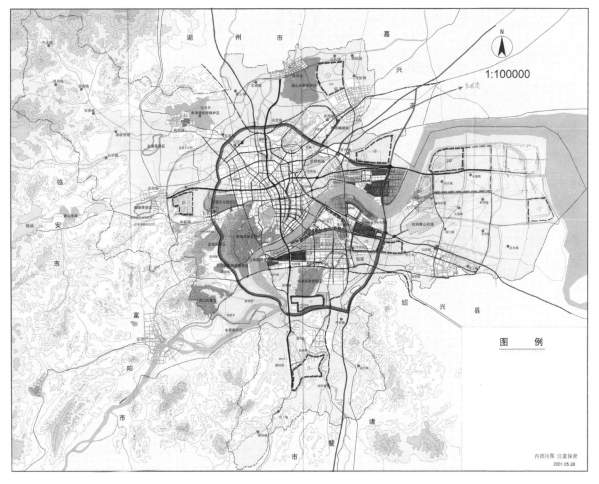

图 2-11 2001 年修订版杭州市总体规划草图
资料来源：包海涵提供。

发展态势，江东将发展成为一个综合性的大城区，现已称为"大江东"，已有好几家大厂和住宅区在那里开发建设。

第二，将德胜路向东延伸，以钱江九桥跨江通向江东，作为江东城区与主城联系的大通道。同时将文一西路向西延伸至老余杭镇，与上述德胜路一起构成横贯城市东西的一条交通大动脉，现已建成通车（含钱江九桥）。

第三，在文一西路延伸段中间仓前地区规划了一块高教园区，已有三所高校迁去，现在市里和区里已决定以此为基础规划成为城西的科学文化中心。如果加上最近确定的在此北面建铁路西站，那这一地区将来可能成为城市西部的副中心。

第四，将杭州最繁华的庆春路向南延伸跨钱塘江与萧山最繁华的市心路相通，建成长达 20 公里的城市中心景观大道，现已建成通车（含庆春路过江隧道）。在市心路钱江南岸两侧规划公建中心（现已称为钱江世纪城，目前正在做规划），将来与钱江北岸的钱江新城遥相对应，将成为钱江两岸景观中最耀眼光亮的景点，与上海的外滩和对岸的陆家嘴景观相媲美。

第五，把临平的东湖路向南延伸通过九堡大桥与萧山接通，可使原来的两个副城直接连在一起，避免绕道钱江二桥（收费高速），现已建成通车。

我把我构思的这份规划草图作为我对杭州市城市规划的最后贡献。

李　浩：在坐出租车的时候，我听司机说杭州的机场原来是想建在西边，后来却是建到萧山了，这个问题当年有没有过什么争论？

包海涵：新机场的选址，原来是有东、西两个方案的。民航部门是希望（建在）东（边的）方案，但空军不同意，因为距离笕桥机场没有达 30 公里以上的规定要求。说民航机和空军机起飞降落要相互影响的，现在这个位置是后来经过内部谈判，最后妥协的结果。

李　浩：我注意到您这篇文章中揭示了萧山不愿与杭州合并之说。

包海涵：1990 年我在一篇文章中提出来的，萧山很反感。

有一次我们的局长和我一起去萧山，和他们领导谈统一规划问题，被他们拒绝，态度很不客气。总之，萧山人很反对杭州跨江发展。他们曾说，历史上江南、江北就是两个国家，江南是越国，江北是吴国。建机场取名时，原来是"杭州国际机场"，萧山坚持要将"萧山"二字加上去，所以现在称作"杭州萧山国际机场"。

在第二次总规修改中，我提出了紫之隧道，作为城市内环。这是第二次修改的规划布局和路网草图（现之江大桥已经建好）。为了缓解虎跑路、南山路的压力，紫之隧道在这里（用手比划）连通以后从内部形成一个环。但是为什么紫之隧道当时未在正式图上画呢？因为那时候城市道路还没有见过修建 8 公里长的隧

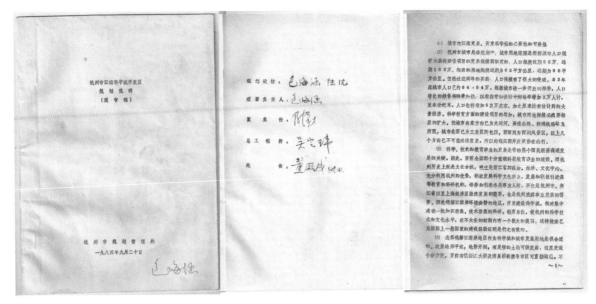

图 2-12 杭州市江南科学城规划说明（1984 年）
资料来源：包海涵提供。

道的，只有公路会考虑，城市道路没有。另外，隧道离绕城公路不远，提出来会被批评，所以没有画。现在实现是实现了，但不是最理想的方案，因为原来线路上钱江果园的一块地被卖掉建住宅了。

李　浩：您主持的江南科学城规划（图 2-12）也挺早的，1984 年。

包海涵：江南科学城规划，那时候兴搞科学城，学习日本的筑波城。南京比我们先搞江宁科学城，我们还是先去向他们学习，回来以后做的。现在的钱江四桥和三桥就是那个时候提出来的，现在都实现了（图 2-13）。大约是 1985 年，我还参加了部规划学会在广州召开的"科学城规划研讨会"。

六、对杭州城市规划的认识与思考

傅舒兰：从 1964 年到 2007 年，43 年，您是杭州城市规划建设的见证人。

包海涵：我以为我自己对杭州市规划很了解，看了你的书，感觉差远了。从你的书中了解到杭州的城市规划历史起码得从南宋开始，城市的形成更早。

傅舒兰：您过誉了。我只是在参考了很多前人工作成果的基础上，作了一些观点上的突破，认识还有待进一步深入。刚刚您也谈了许多参与的工作和所做的贡献，不知是否可以再概括谈谈对杭州城市规划的整体认识？

包海涵：我认为呢，做好杭州规划要处理几个难点。

第一点，城市性质的问题，发展工业和发展旅游的关系争论了二三十年。但现在城区扩大了，这个问题好像已经不怎么重要了。

第二点，地形、地貌比较复杂的问题。我们一个局长曾经这么形容：如果说一个城市有四个象限，杭州的第三象限是西湖风景区，钱塘江斜穿城市，城市道

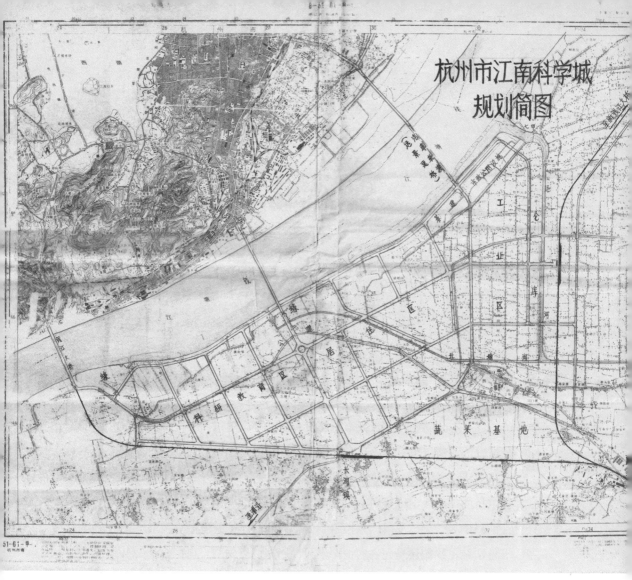

图 2-13　杭州市江南科学城规划简图（1984 年）
资料来源：包海涵提供。

路不能成环，方格路网也不行。以前长途汽车都走湖滨路和南山路，是交通干
道。当年新安江造大坝的时候，运送移民的车子是一卡车又一卡车，从南山路、
湖滨路北上，把城市和西湖都隔开了。后来虽然货运不让走了，但客运车流还
是不得了。现在建了湖滨隧道，汽车不准通行，改为步行系统，将湖滨地区和
西湖连在一起，大大改变了湖滨路的面貌。这个隧道也是我想出来的。

第三点，综合处理各种意见的问题。因为关心杭州的人太多，提出的意见太多，
这个来提点意见，那个来提点意见，光北京就来了不知道多少专家，一来就提
意见。光西湖周围的建筑高度就讨论很久，结果每讨论一次，高度非但降不下来，
还不断上去。现在你去西湖看看，都是高层建筑。

傅舒兰：可是不讨论的话，会不会反而更糟？

包海涵：这个很难讲，我只能谈谈自己的经历。您知道的，最早总体规划的建筑高度控
　　　　制是针对西湖东侧，浣纱路以西控制在三到五层，浣纱路到中河路控制在五

图 2-14　建设部和中国城市规划学会在杭州举办"控制性详细规划研讨会"（1990 年代末）
注：鲍世才（左 1）、包海涵（左 2）。
资料来源：包海涵提供。

到七层，中河路以东到贴沙河再逐渐提高，形成一个逐渐增高的控制梯形。但光这个规划就控制不了，像什么新侨饭店、友谊饭店、医大的教学楼（这个后来是炸掉了），都逐渐建起来了。医大教学楼炸掉后建的嘉里中心，也争论了很长时间，后来讨论来讨论去，总算略微降低了一点（图 2-14、图 2-15）。

后来我又提出说不能光局限在西湖的东面，宝石山的北面、东面和吴山的东面也应该控制。为什么呢？保俶塔是杭州的标志，游客到湖滨拍照都要对着保俶塔，如果保俶塔的北面，比如在黄龙饭店的位置建一个 20 层的楼，拍照就会出现，甚至体量比保俶塔大多了。有一年，在电视上讨论规划问题，其中谈到建筑高度问题时，我说如果把百货大楼建在保俶路上，保俶塔就像一根牙签，如果把百货大楼建在河坊街，吴山就是一个土堆，我这么一说，下面哗哗地拍手（当时百货大楼最高）。

但很多建筑师还是喜欢设计高楼。有一次，我跟他们吵起来了，其中一个建筑师说我老了，脑子不清醒。我就说，我没有出过国，你们建筑师出国就像家常便饭，回来都说巴黎怎么怎么好，旧城没有高层建筑，只有德方斯那块有高层建筑，可为什么自己一设计就越高越好呢？比如武林门的老市政府大楼，当时的市长看中了同济大学的方案（即现高楼），但我还是觉得过高，

图 2-15　浙江省建筑师学会组织的一次杭州市城市建筑高度规划学术研讨会
资料来源：包海涵提供。

影响保俶塔下来的天际线，最好有个过渡。所以就提议分成两栋，每栋 60 米以下。当然，市长不赞成我的意见，还是认为高楼好，其实你看这个大楼的屋顶，设计得很差。

傅舒兰：我还记得当年市政府大楼盖好后，流传过一个讽刺新大楼的段子："削尖脑袋、挖空心思、歪门邪道、高高在上。"（南面大门是斜的）

包海涵：我还想谈谈对现在杭州城市规划建设的想法。我有一个感觉，现在杭州从"西湖时代"转到"钱江时代"，但西湖自从杨公堤西侧的茅家埠地区改造以后就没有什么重大建设了。现在市里的注意力都在钱塘江拥江发展上，还有就是地铁，这是对的，但对西湖的关注好像有点淡了。西湖的规划建设不大提了。我的想法是市里面不能忘了西湖，杭州要成为世界名城，西湖就是杭州的一张名片。每年上千万人次来西湖，环境容量严重不足，看看节假日断桥上的拥挤人群，也提醒我们要关注西湖。

杭州滨江的闻涛路，成都的二三十千米步行系统都很漂亮，深得人民喜爱。但得天独厚的西湖沿湖步行道却还是不能完全走通，大量游客挤在断桥白堤，人挤人，大大降低了旅游情趣。所以我提出用 5 ~ 8 年时间，先把南面沿湖步行系统打通。这样需要把三个省级大单位进行改造。其实第一步并不要求他们搬走，只要沿湖让出 15 ~ 20 米的步行道，这样，通过苏堤就可以把环湖步行走通了，可以大大改善西湖旅游环境和情趣。但这需要省里领导下决心！

傅舒兰：当时为了申遗，把六公园以北和北山路那一片打通就做了很多的工作，感觉不太容易。

包海涵：是的，当时六公园以北两边大都是省级单位，省高等法院、省幼儿园、省政协、省劳动局、省电影公司、《光明日报》记者站、市园文局等，能把这一片拆出来，不简单。我的意思是远景（2035 年）中西湖南面除汪庄湖边让出 15 米步行道，主体不搬之外，其他的到 2035 年都搬掉，这叫"还景于民"。因为你看西湖几个主要景点节假日人山人海，游客挤来挤去，人看人。另外，西湖景点的规划设计也缺乏新意，造成挤的地方太挤，松的地方游客稀少。

另外的一个问题，环湖里面有好多不该在风景区里面的单位，这些单位本身虽然占地不大，但进去了就产生了交通流量。比如说，西湖区检察院、园文局为什么又迁进去？园文局又不是专管西湖的，为什么要进去？还有，比如说有个办签证护照的在西湖风景区，根本就不合理，又导致车流量增加。要减少交通量就必须首先外迁单位，到 2035 年这些单位都应该迁出去，可以减少很多交通量。

另外，当年好不容易争取到国家批准的"之江旅游度假区"（图 2-16），被市里几乎全部作为住宅用地出让了。如果没有出让，加上六和塔景区和对岸的钱江突出地（1996 年规划为"江南旅游度假区"），两岸风景建成旅游胜地，那才对拥江发展起到画龙点睛的作用。但俱往矣！非常可惜！

我还有"三个迁"的建议。第一，秦山核电站应不再扩建，并慢慢将它淘汰，因为它正好在大湾区中间部位。虽然现在不大可能马上迁，但是要控制发展。第二，笕桥机场虽然是我国航空事业的摇篮，不能动，但是它现在被住宅区完全包围，可不可以将北京的航空博物馆迁此，并附设青少年航空俱乐部及大公园。第三个迁移就是乔司的监狱，乔司这块地现在可以算宝地了。

还有一个建议是珊瑚沙水库，里面储存淡水，我现在建议杭州的自来水从新安江直接引，这样，水库就可以完成历史使命了。这块地虽然面积不大，但地位相当显要，我建议在这里建一个游乐场，里面放一个大转轮，这样的话，在转轮上向东看，整个钱塘江的雄姿尽收眼底，向北可以看到整个西湖周边郁郁葱葱的群山，向南可以看到三江口和萧山，向西可以看到整个转塘地区，美院、音乐学院、云溪科技园都看得到。水库堤岸整修后，还可供附近居民散步、游览。这里还可修一个游船码头，快艇、游船都可以停靠。另外，钱江潮到这里虽然是结尾，但是是个高潮，有 7 ~ 8 米高，观赏性很好。这一片就剩下这一块，要是不保留下来搞旅游，太可惜了。如果在这里建一个大转轮，本身也是钱塘

图 2-16　杭州西湖之江旅游度假区规划图
资料来源：包海涵提供。

江上的一个景点，与六和塔景点一老一新相互呼应，为钱江旅游增加新的内容，
配合拥江发展。

傅舒兰：从您这里得到了许多新的资料和思考的切入点，会再接再厉，谢谢您的鼓励和
　　　　帮助。

七、对城市规划历史研究以及推进规划工作的看法

李　浩：刚刚您谈了许多工作经历，这对我们推进城市规划史研究很有帮助。是否可以
　　　　请您谈一谈对研究城市规划历史的看法呢？

包海涵：我觉得，历史上中国对文史、哲理、医疗等方面很重视，这一类的著作传下来
　　　　很多很多。但对我们历史上的大建设，科学、技术真正的系统写实的记载很少，

比如说历史上的两大工程——东西向的长城，南北向的京杭运河，系统记载很少。京杭大运河哪一年开始建的，黄河、淮河、长江等水系的工程处理方式和四大发明，这些技术都好像没有真实、系统地记载、流传下来。没有系统的工程史，中国的科技史还是英国人李约瑟编写的。

所以我觉得您（李浩）的工作起了个好头。虽然城市规划仅是整个新中国社会主义建设的一个组成部分，但可为将来编制新中国社会主义建设史提供重要的内容。

另外，全国大概一半以上人口居住在大、中城市中，全国的主要经济更是大部分集中在大、中城市。所以把大、中城市规划、建设好，对提高城市人民的生活质量，对全国经济的顺利发展都至关重要。而您通过大量的调查研究、仔细分析，先把"一五"时期八大城市的规划建设史翔实地记载、编辑出来，为今后进一步做好城市规划工作提供借鉴，这是一件非常有意义的重要工作。

所以，非常钦佩您和傅老师用了大量时间悉心完成这项艰巨的任务。如果有可能，再增加一些比较典型的城市（时间不限在"几五"范围内，只要有典型意义），组成系列著作，供全国大、中城市的领导和城市规划工作者阅读学习，以提高业务水平。

李　浩：您是指像北京、上海、杭州、哈尔滨这些城市？

包海涵：我的意思是按城市类别分别写出它们的成长和规划历史，如工商港口城市的天津、上海、广州等，交通枢纽城市的郑州、徐州、株洲等，大江、大河城市的重庆、南京、南宁等，风景旅游城市的杭州、桂林、厦门等。

李　浩：这是一个浩大的工程。

另外，您觉得搞规划史研究要注意些什么问题？或者您看材料当中有没有发现不妥当的地方？

包海涵：第一个方面，规划和管理的问题。规划和管理要统一起来，是非常难的。一个是土地限制得很严格，一个是领导更换得很频繁，换一届领导换一个主意，所以现在规划和管理两个方面比较难达成一致。

在我看来，规划和管理是一个事情的两个方面。杭州有个领导曾说过：三分规划，七分管理，规划得再好，管理上对你的规划也不一定遵守。当然，也可能是规划本身就不行，所以规划管理也不一定要按规划来。根据我本人的经历，搞规划的人最好到管理单位实习一段时间，搞管理的人最好到规划单位去实习。如果脱开了，做规划的不理解管理，往往脱离实际的比较多。换句话说，搞管理的不会做规划，容易过分强调和迁就现实。我在两方面做的时间都比较长，认为规划和管理必须要有机结合起来。

简单举个例子：城市"摊大饼"。凡是搞规划的人，凡是听见的领导的声音都是反对"摊大饼"，但几十年来都在"摊"，除了小城市，很多大城市都在"摊大饼"。什么"一个主城，几个副城，几个组团"，谁都会讲。最后组团都没有了，都被城市吞没了。杭州原来说"一个主城三个副城，六个组团"，讲得很理性。但你现在看看，杭州已经变成一个主城和一个副城，江北是主城，江南是副城。你看北京，也不就是三环、四环、五环这么摊下去。我觉得，要研究这些情况形成的原因，不要只是简单地理论上说说。

但是，这个事情，我看最终还是跟经济发展实力有关系，经济发展了，有实力了，遇到难题了，就可解决，比如污染治理问题、共同沟建设问题、地铁问题、大城市疏解问题等。像北京就有实力建设雄安新城了。

李　浩：领导影响了规划的决策。

包海涵：也不完全是。比如说十多年以前要建也没有这个经济实力，我认为经济实力很重要。以前就算想搞副城，也没有这个经济实力。所以只有"摊"，"摊"是最省的，只要道路延伸一下，自来水管、电力电信延伸一下就行了。如果要建新城一整套基础设施和政府管理机构，当时没有这个实力，现在国家有这个实力了，规划和管理的矛盾也许会减少一些。

第二个方面，规划变与不变的问题。规划都说20年不变，但哪一个城市做到了20年不变，我没看到过，光杭州我就做了五轮总体规划，这才多少年。形势变化发展太快了，规划不可能不变。虽然我才离开了10年，但现在的城市发展太快了，今天这里一个什么开发区，明天那里一个什么高新区，今天这里要建一条铁路，明天那里要建一条高速路。杭州到上海原来就是一条铁路，一条公路，未来将有多少条？我看今天的报纸上还说杭州会有11条铁路。这么多铁路在这里布局，再加上很多条各级别公路，土地都被分割得条条、块块，规划就得不断修订，以顺应这个形势。

李　浩：昨天我听杭州市规划局张勤局长说，杭州正在做城市总体规划的实施评估和修编的准备工作。

包海涵：所以觉得规划"二十年不变"的提法很不科学。我们的规划工作实在跟不上发展。杭州自1983年国家批准总体规划至今35年，总体规划已修改3次，现在又准备修改了。

第三个方面，是用地的问题。18亿亩基本农田不能动，国家严格规定的。但你看看哪一个城市不动，南水北调和北京新机场我想大概都是在基本农田上造起来的吧。还有那么多铁路、公路建设，那么多开发区建设，一个高速公路的大立交就要占用上百亩的土地，能不占基本农田？总规中制定的用地规模实际上很快就被突破。

从以上三方面，我觉得是不是也要思考一下有关规划方面的提法和口号，科学不科学？

李　浩：您说的都是要害问题。之前您谈在杭州的工作经历，有些问题，规划部门控制不了，都是上一级领导，特权部门。

包海涵：光说建筑高度这一件事，杭州差不多每一栋高层建筑都可以写一篇文章。当时有个上级领导，主管规划，从来没有说遇到问题时，规划一下看看，他对建设单位的要求报告上都是批"请规划局研究帮助解决"。你叫规划局批还是不批？换了领导就要换个思路。这里我不是反对领导对城市规划建设作出指示，而是希望领导作出科学的、符合规划原则的指示。

傅舒兰：规划应对时代发展的新要求来改换思路，似乎更合理些？

包海涵：是的。比如目前，随着习总书记一整套新的改革开放政策的出台，外来投资将加速，再加上人才流动加快和户籍制度的改革，未来各重点城市的发展将更快。因此城市规划也要适应这种形式，也必须创新。第一要不断更新城市规划以适应这种形势；第二，原来的城市总体规划编制办法内容太多，工程浩大，耗时太长，等你编完了，形势又变了。我建议精简城市总规内容，有很多专项规划不再纳入总规内容，待总体布局、交通骨架定了之后，再继续编制专项规划。我建议上层设计是否也可研究一下城市总体规划的新办法。

另外，现在发达地区的发展已不局限在一个城市，而是一个城市群，不论经济、交通、人才都融在一起，并且还在不断扩大（如粤港澳大湾区），因此各县市都想跟着发达城市发展自己，但往往受到行政区域的束缚。例如德清、桐乡、海宁，从各方面来讲应融入杭州，但它们却属于湖州和嘉兴，而嘉兴自己却在积极融入上海。

为此，我大胆建议，取消地专行政级别，各县直属省管，让各县市根据自身特点和地理位置独自发展，逐步融入附近的城市群。这样，地方经济会发展得更快一些，对整个国家来说也会更为有利。

当然，这会受到很大的阻力，那些地专一级的机构和官员们会感到很大的危机。我仅是建议而已。

八、关于"城·事·人"访谈录

包海涵：关于"城·事·人"这套书，我也谈谈自己的想法。这对我们城市规划工作者来说是个鼓励，尤其是第一代城市规划者。"一五"时期过来都吃过苦的，一个运动接着一个运动，下放劳动，工资又低。

我当技术员就当了30年，混到1996年准备退休的时候，还只是个普通高级工

图 2-17　访谈工作现场留影（2017 年 10 月 10 日）
注：杭州市凤起路青藤茶馆。

图 2-18　拜访包海涵先生留影
注：2017 年 10 月 10 日，杭州市凤起路青藤茶馆。

程师，8 年没有评职称。9 月份退休了，但到年底，上级却决定评教授级高工，我又被排除在外，你看冤不冤！我们领导看我运气太不好了，贡献又不小，仍帮我报了上去，这样才成为教授级高工，但工资仍旧是 1996 年退休时的高级工程师的工资。所以，我这个教授级工程师是有其名，无其实。一个 1953 年毕业的大学生，做了 30 年的技术员，为杭州的城市规划事业勤勤恳恳工作了 43 年，并作出了较大的贡献，最终只落得一个有名无实的下场，悲哉！所以我现在幻想争取活得长一点，尽可能弥补点经济损失！但我已 87 岁了，为时不多，发发牢骚而已！

所以，"城·事·人"这个系列，对我们规划工作者是个很大的鼓励，至少把我们曾经做过的事情记下来了，让人知道我们工作数十年也是为国家做了贡献的。不然的话，我们默默无闻地就这么去了，好多人都去世了，现在总算你们把我们的情况介绍出来了。如果没有你给我们说话，大家还不晓得我们做了这么多工作，做了这么多贡献。所以看了你们写的《城·事·人》，并在我即将带着遗憾走完人生道路之际，对我采访，让我有机会说一下自己的人生经历，我衷心地感谢你们（图 2-17、图 2-18）！

这次访谈说的难免有错误之处，甚至荒谬和狂言，欢迎批评指正。

李　浩：谢谢您对我们工作的肯定和指导！

（本次谈话结束）

张友良先生访谈

1957年4月25日，傅雨田书记带我视察三门峡水库开工时，接到谷牧同志的长途电话，然后我们于4月27日去西安做"四过"检查工作。那时，高峰、蓝田、贺雨、周干峙等同志已事先到达。傅书记与我住在人民大厦，每天去西安市政府开会。会议由西安市规划局李廷弼局长主持，听取规划、建筑、工程、人口四个组的情况汇报，最后要求在7天内做出西安市规划的修改方案，提出问题，解决方法和措施，由周干峙负责修改公共建筑定额标准。

（拍摄于 2017 年 10 月 10 日）

专家简历

张友良，1931 年 8 月生，上海人。

1949—1951 年在上海工业专科学校学习，1952 年院系调整后转入同济大学建筑系都市建筑与经营专业学习，1953 年 9 月毕业后，分配到建筑工程部城市建设局规划处工作。

1954—1961 年，在建筑工程部、国家城建总局、城市建设部、建筑工程部、国家计委城市设计院工作。

1962—1969 年，在中国建筑科学研究院建筑展览馆工作。

1969 年，在河南修武建筑工程部"五七干校"劳动。

1970—1977 年，在河南省许昌市设计室工作。

1978 年起，在杭州大学（1998 年与浙江大学合并）任教，曾任地理系城市规划专业教研室主任，期间曾于 1980—1985 年兼任浙江树人大学园林建筑系主任。

1992 年退休。

"一五"时期，曾参与西安、洛阳、大同、绵阳、武汉、宣化、咸阳等城市的规划设计工作。改革开放以后在浙江工作期间，除教学工作外，承担过杭州、绍兴、宁波、温州等市和地区的规划设计与历史文化名城保护规划工作。

2017 年 10 月 10 日谈话

访谈时间：2017 年 10 月 10 日上午

访谈地点：杭州市西湖区天目山路 150 号，张友良先生家中

谈话背景：《八大重点城市规划》与《城·事·人》（第一至第五辑）出版后，于 2017
　　　　　年 8 月中旬寄呈张友良先生审阅。张先生阅读有关材料后，与访问者进行了
　　　　　本次谈话。

整理时间：2017 年 10—12 月，于 2017 年 12 月 29 日完成初稿

审阅情况：张友良先生于 2018 年 6 月 5 日初步审阅修改，7 月 21 日定稿并授权出版

张友良：我很钦佩你做的工作，那么大的工作量，而且收集资料不容易，甚至有些我们
　　　　看不到的国家档案局的资料都查出来了。虽然我们走了几十年的规划路，可是
　　　　我感觉从来没有人以这样的方式总结整理，把走过的道路整个捋一遍，这是一
　　　　项伟大的工作。

　　　　当然，直到今天为止，个别问题，大家还存在不完全相同的意见，这没有关系，
　　　　总的来讲，城市规划是客观存在的，这条路虽然说有些曲折，有些繁复，可是
　　　　我始终从来没动摇过，百折不挠，至死无悔。所以，下放也好，"五七干校"
　　　　也好，有些同志灰心了，把所有的资料和书都处理掉了，改行了，可是我始终
　　　　没改。这六七十年可以说一天没停过，非但没停，连我的爱人都拉过来了，她
　　　　本来在北京工业院搞她的专业，后来跟我一起搞规划了。我的儿子与儿媳，都
　　　　在杭州市规划设计院工作。

李　浩：你们这是"规划世家"。

一、毕业之初参加西安等八大重点城市规划的情况

张友良：我是1953年毕业的，我们一个班分到建筑工程部城市建设局的，除了孙栋家，还有许保春、刘茂楚、胡开华等。还有几个调到南京和上海去了，刘其兴、戴正雄、励绍麟等，有七八个，后来其他几个都分散了。

到北京参加工作，报到后，我刚刚放下行李，就打了铺盖到西安去。周干峙跟何瑞华他们先到了，那时候没有几个人。在苏联专家穆欣和巴拉金的指导下，已经基本定下了框架——用地形态、道路网结构，我们去了无非就是参加具体的制图工作。当时，绘制了一整套的图。那时候的要求是"五图""一书"。当时也做了一些详细规划。

我是离开家门到学校，离开学校就到机关，到机关的第一个项目就是西安规划，西安在八大重点城市中是比较大的，也是一个比较受重视的点。

李　浩：因为它是八大重点城市规划的试点，影响到其他几个城市的规划工作。

张友良：对，后来"反四过"也是抓它作为典型。在西安工作阶段，我的收获不小。到西安的同济毕业生有十来个人，天大的也有十来个，他们以道路和水工程专业为主，如王仲民等。另外还有搞绿化的魏士衡、于忠玉、陆时协等人。

那时候，刚参加工作，到了单位以后，领导没有架子，好像自己的家长一样；苏联专家也经常跟我们接触，是我们的导师；工作的同事们都像我们的兄弟姐妹。万列风在那时候是我们的科长。我妹妹在上海复旦大学，还没有毕业的时候到北京来玩了一次，就住在万列风家里，万列风的爱人郭亮和大家相处得都非常好，那时候工作非常舒心。

我在西安工作了一年多，1954年回来一次，后来又去了，来回了几次，一年中大部分时间都在西安。当时，分组情况都是保密的，我是西安组，他是太原组，大家互不知道，也都很自然地不讲。

西安的任务基本完成以后，大同组的赵光谦他们叫我一起做详规，也就是小区规划什么的，之后我也做了些小城市规划，这是1953—1956年。那几年，在城市设计院工作，有不少收获和经验。

后来机构做了调整，成立了一个技术室，本来各个地区科室之间没有什么交流，后来发现有些共性的问题，像指标问题、标准问题、城市性质问题、结构分区问题等，就成立了技术室。室主任就是万列风，柴桐凤后来也来了，还有几位老专家，像谭璟、程世抚、王天任、龚长贵，加上我们几个小青年，成立了技术室，把各个地区的共性问题汇总分析、研究后向专家和领导汇报，作一些总结，也作了一些规范。同时，有一些小的规划任务，也由我们技术室来做。所以，那个阶段我做了一个咸阳的规划，也做了宣化的规划，项目比较小。

图 3-1　与保加利亚城市规划代表团合影（1956 年 10 月 24 日城市设计院办公楼前）
前排：史克宁（左1）、李蕴华（左4）、保加利亚代表团团长托涅夫（左5）、鹿渠清（右4）、汪季琦（右3）、
任震英（右2）、赵师愈（右1）。
第二排：周干峙（左1）、何瑞华（左3）、易锋（左4）、什基别里曼（左6）、万列风（右1）。
第三排：贺雨（左2）、玛娜霍娃（左3）、库维尔金（左4）、王文克（右5）、谭璟（右4）、蓝田（右2）、
刘达容（右1）。
第四排：安永瑜（右4）、王申正（右2）、张友良（右1），本排中高者为扎巴罗夫斯基，其左次高者为马霍夫。
资料来源：张友良提供。

咸阳是西安西边的小县城，我记得就我一个人先去的，当地有两个小青年跟着
我，大年初一都是在咸阳过的。咸阳县委书记请我到他家里去过年，一进门，
家里都是土地面，土疙瘩高高低低的，坐下后，他倒了一杯水给我，我以为是
白开水，喝了一口马上吐出来了，原来是白酒，我说我不喝酒。项目时间很短，
做完就回来了（图 3-1）。

宣化规划也是一个小项目——小县城，开始也是我一个人去的，到那儿调查情
况以后把我吓一跳，宣化还是原察哈尔省的省会！ 1954 年以后，设了宣化市，
很小，但它是西出北京离首都最近的一个城市，所以他们还比较重视。这座城
市总体比较小，没有多少人，他们原来也没有规划设计部门，就是想了解规划
怎么做，规划范围划多大，方向怎么样，向我咨询了一下，时间也不太长，任
务完成以后就回来了。

去宣化之前，王有智问我："是去宣化么？"我说是。她说："我家在张家口，
给我捎点东西吧。"我说没有问题。我礼拜天到张家口，路程 28 公里。她家

里也比较简单，那时候条件都那样，她母亲很热情地接待我，还送了点口蘑，印象都很深。

我在城市设计院做的规划不是很多，收获最大的当然是西安规划，规模大，城墙方方正正，13.2平方千米，有东关、西关、南关、北关，当时去的时候城外几乎没有什么东西，可是灞河以东的纺织城"女儿国"已经初成规模了。我们做规划还得了解城市周围的环境，如咸阳、兴平、蔡家坡、武功和宝鸡，都去做过一定的调查，收获很大。

调查现状时，每条街都要跑，如莲花池（莲湖公园）边上有个清真寺，大门朝东的。那时候跟何瑞华一起，因为女的不能进，她不高兴，男的进去要脱鞋。我们工作在鼓楼北面市政府里面的大礼堂，底楼是会场，二楼就是我们的工作场所，二十几个人在一起上班，晚上就睡在旁边的木板床上，女同学住楼下小平房。

在西安时，印象特别深，大雁塔和小雁塔去过很多次，过"五一"节放假，安排我们几个去华山玩了一次。那时，西北设计院有一个上海来的专家——洪青（西安人民大厦的设计者），他还带了两个年轻建筑师——曹旭和桂志远，经常协助我们工作。我们去西北设计院看展览的时候，何瑞华发现一个很漂亮的姑娘，姓毛。

李　浩：我拜访魏士衡先生的时候，他也说到这个故事：看展览的时候是个下雪天，他与何瑞华和其他一些同学一块儿去看。回来的路上，何瑞华说：她怎么这么漂亮，真是个美女。何瑞华又返回去，再看了一遍。

张友良：好多人都追她。那次展览是西北设计院内部办的，她是院里的技术员，是一位主任工程师的女儿。后来被院里一个青年规划师李金火追上了，李是我的同班同学。

李　浩：西安规划是八大重点城市规划的试点，重中之重，很想听您讲讲当时的工作情景。据说当时有28个人左右的工作组，大概的工作分工是？比如说搞经济的是赵瑾，搞绿化的是谁呢？

张友良：赵瑾主要分析和研究城市的性质、方向和规模。搞绿化的是魏士衡，陆时协和于忠玉除了绿化系统之外，当时还做了一个兴庆宫公园规划。道路交通是天津大学的几个人搞的，他们还做了给水排水工程规划。

交通规划我也参与过，还有道路横断面和几个交叉口广场设计，但我主要是制图。总的结构是苏联专家定好的，我们要画一整套图，各种比例尺的，有2.5万（1：25000）的，有1万（1：10000）的，有5000（1：5000）的。几个局部的设计是我们做的，比如我做了东门外立交。

我的想法比较提前，东大街是城市的东西向干道，规划车流量大，所以做了立交方案。唐代长安的道路体系就是方格网的，苏联专家的意见倾向于搞环路，

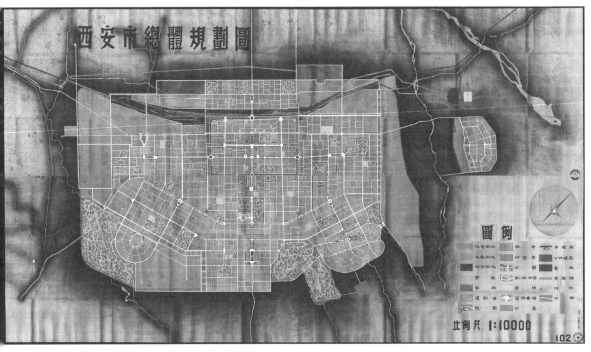

图 3-2　西安市总体规划图（远景）
资料来源：中国城市规划设计研究院档案室.西安市总体规划图（1954年版）[Z].案卷号：0967,0968.

但是环不起来，北面有古城遗址要保护，南面的地形稍高，有起伏，等高线弯弯曲曲的，顺理成章地结合地形环了起来，既对称，还有些变化。

但就是因为有这点变化，在"反四过"阶段受批评了，《人民日报》的记者写了一篇标题文章《水往高处走》，说环路中间有一条水，是水往高处流。但我觉得有些变化还是可以的，高低起伏也不大，西边是电子工业，东边是机械工业，北郊是大明宫，城南利用自然地形，如东南角的大雁塔公园和西南角的丈八沟景区有些变化也挺不错的（图3-2）。

李　浩：当时您见到过穆欣没有？您参加西安规划工作是在1953年9月，据说穆欣是在1953年国庆节前后回国的。

张友良：穆欣10月不到就回国了，我没有见过他。其他几个都见了，特别是库维尔金、什基别里曼、马霍夫、扎巴罗夫斯基和玛娜霍娃。当时主要是巴拉金在指导。陶宗震比我早去半年多，何瑞华和周干峙两个人都在。

李　浩：何瑞华和周干峙先生当时的具体分工情况是怎样的？听说总图制定时，半环是何瑞华加的。苏联专家巴拉金对原本方案的结构不太满意，加了个半环，巴拉金就满意了。这个情况您了解吗？

张友良：我印象中，何瑞华比较喜欢讲，周干峙不太讲，喜欢闷头画和写。他们两个配合得很好，没有什么矛盾。但总图已经是我去之前的事了，我去的时候，总图框架已经基本成型了，我们主要做了一些细部的调整。

二、"一五"时期的详细规划工作

李　浩：除了总规之外，您还参加了一些详规吗？您能讲讲当时详细规划工作的手法和过程吗？

张友良：洛阳、绵阳、大同，我都做了详规。还有武汉，做了武昌的青山区、徐家棚区。兰州也做过。那时候，苏联专家还在指导，所以他们的影响比较大，如单周边和双周边的规划方案，还有一个是沿街干道的高层建筑和公共建筑，现在看起来，这不能说是好的经验，越是干道越应该考虑交通的影响，吸引大量人流的公共建筑放到干道边并不好，那时候汽车没有那么多，问题还不明显。

现在来看，很多城市交通拥堵，是由于道路规划的功能性质没能科学、细致地分析，以及在交通干道沿线布置了医院、商场和娱乐场所等项目所造成的。

李　浩：像总规，在编制过程当中会有些争论，特别是构图、轴线等。在详细规划的工作过程当中，是不是争议性的问题不太多？详细规划要不要做多方案比较呢？

张友良：规划过程中是会有不同意见的，比方说西安的城东区中心交叉口广场，由于交叉口东北角地块是兴庆宫公园，路边有山体挡住，所以我们的方案是把南北向干道错开了一定距离，而东西向干道仍是直通的。这样做既避免了千篇一律的广场形式，而且这种不对称广场的风格也体现了公园大门轻松活泼、富有变化的情调。

周干峙相当满意这个方案，还为这个广场起了个名字，叫"金花落广场"。但是，后来西安市从上海请来专家王华彬团队来做这个详规，他们把干道交叉口和广场都形成中轴对称，而且把干道改成120米宽，比省中心和市中心广场还宽很多，我们就没有同意他们这个方案。

的确，详细规划由于面积较小，牵涉的历史、文化、环境、工程方面的因素较少，自然比总体规划在宏观上要简单得多，但在人文、生活、景观、交通、工程方面细部的考虑要求比较高。因此，也会做几个方案进行论证比较，如咸阳的小区规划，前后做了四五个方案进行比较。除了建筑工种外，道路、交通、市政工程（给水排水、电力、电信等）和园林绿化、竖向规划等在详细规划阶段都需要做较深入的研究和设计。

李　浩：西安规划的苏联专家谈话记录上有个徐文如，他当时是分配到建工部城建局的吗？他是到北京跟你们一块儿工作，还是直接分配到西安了？

张友良：徐文如是我的同学，也是分配到建工部城建局规划处的。他没在西安组，后来

图 3-3　同届同学与恩师合影（摄于同济大学 90 周年校庆）
注：前排：罗小未（女）、李德华、董鉴泓；后排：臧庆生、张友良、孙栋家、包海涵。
资料来源：张友良提供。

好像调回上海了。

李　浩：城市设计院的成立时间是 1954 年 10 月 18 日，有的老同志说有一个成立大会，有的老同志说没有。您了解这个情况吗？

张友良：那时候我在西安，不知道这个情况。据说有成立大会。我在上海待了半年多，等我回北京时，设计室又搬家了，我记得办公室搬了几次，从灯市东口到灯市西口，再到山老胡同、西直门桦皮厂、阜外大街，最后到了百万庄。

李　浩：后来您在什么时间去的洛阳和大同？还是说洛阳、大同的规划工作是在北京参加的？

张友良：1954 年 12 月参加过武汉组工作，大同组是在 1955 年 11 月在北京的时候参加的。1957 年 2 月参加洛阳组工作，做涧西区详规，去洛阳待了三天，当时旧城城墙还在，旧城较小，我们去的涧西新区。

第二次去洛阳就是 1964 年了。谷牧提出设计院要现场设计，我已经到展览馆了，建材部的玻璃设计院搞了一个洛阳玻璃厂——当时亚洲最大的一个工厂，必须到现场设计，我跟着去了，整整待了一年，图纸核对以后参加施工劳动，挖基础。据说挖出了战国期间一个太子的墓，只有骨头，棺材烂了，还有一把青铜宝剑。我们把这个基础厂房结构立起来，积极安装。

施工开始后，我在混凝土组工作，后来转到木工组，土建完成后，接着是机械设备安装，然后参加试生产，等生产运转正常后才回北京。运转时，我又作运输工，把原料送到大窑去烧，干了整整一年，这一年，我还拿到了一张先进生

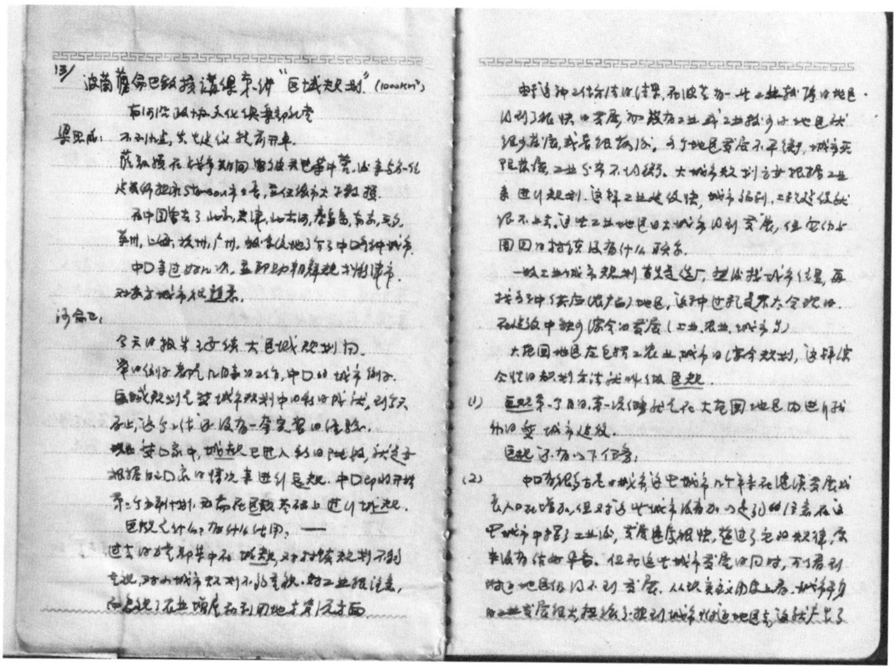

图 3-4　城市规划讲课笔记（第一讲，波兰的萨伦巴教授讲区域规划）
资料来源：张友良提供。

产者的奖状。

李　　浩：　"设计革命"强调跟实际结合，从这个角度讲主要是施工方面。"设计革命"
　　　　　　对城市规划工作的影响大吗？

张友良：　"设计革命"强调设计人不要坐在办公室里脱离实际画图，与城市规划工作者
　　　　　　必须踏勘调查城镇现状的道理一样。如城市的历史文化沿革、建筑与街巷结构
　　　　　　肌理、各项生活服务设施的配套与分布、城镇基础工程设施的水平、城镇的特
　　　　　　色与周边环境的影响关系、城镇的经济结构、消费水平和未来发展趋向等均需
　　　　　　作深入实际的调查、考察、分析和研究。

李　　浩：　同济大学的董鉴泓先生（图3-3）在1955年初曾经到城市设计院进修过，他进
　　　　　　修的时候参加了大同组，不知与您有交集吗？

张友良：　董先生来的时候我正好不在北京。他在城市设计院的时间不长，等我回到北京，
　　　　　　他就走了。我经常出差，到处跑。只记得当时巴拉金在每次专题讲座后，还要
　　　　　　考试，所以大家听课比较认真。
　　　　　　院里请来波兰专家萨伦巴讲"区域规划"课（图3-4），大家的兴趣比较大。
　　　　　　因为我们的"区域规划"范围大，牵涉的地区、部门、系统很多，需要国务院
　　　　　　和建委牵头组织，很多部门参加，只靠城市设计院开展工作很困难，而萨伦巴
　　　　　　讲的区域范围较小，我们戏称它为"小区域规划"，有点像我们的市域范围、
　　　　　　县域范围的"城乡体系规划"，比较"摸得着、抓得起"，较实用。

图 3-5　张友良先生在城市设计院的工作证
资料来源：张友良提供。

三、早年建工部城建局和城市设计院的领导与同事

李　浩：您从同济大学毕业分配到北京，应该是 1953 年 7 月吧？还是 8 月？

张友良：9 月初。我们乘坐火车专列到北京，整列全都是大学毕业生。说是专列，听起来很高级，实际上比慢车还要慢，经常停车，两天两夜才到北京，万里到火车站接我们。当天晚上还在灯市口东口部大楼 5 楼礼堂举行盛大的歌舞晚会，欢迎我们。

李　浩：您报到的时候，应该是分配在建工部城建局的规划处，那时候建工部城建局刚成立了半年时间。关于城建局的一些领导和机构设置，一些老同志的说法不太一致。据说当时有规划处，有资料处，还有一个市政处。

张友良：这方面我不太清楚。我记得建筑工程部的部长是陈正人，万里是副部长，部大楼在灯市口东口，我们规划处是在灯市口西口（图 3-5）。

李　浩：部领导这一级比较清楚，陈正人是部长，万里、周荣鑫、宋裕和都是副部长。城建局的局长也清楚，局长是孙敬文，副局长是贾震。后来，城建局升格为城建总局以后，贾云标是规划局的局长。我想问的是您刚报到的时候（1953 年 9 月）城建局的一些处长的情况，比如规划处的处长是谁？

张友良：处长主要是史克宁、高峰，哪个正、哪个副，我弄不太清楚。

李　浩：有的老同志说史克宁在资料处。

张友良：资料处我没有听说过。

李　浩：他们几个人都是处级领导，明确身份好像不太清楚，是吧？

张友良：不太清楚。史克宁给我们的感觉——他是几个处长当中最会讲的。高峰局长比较朴实，一口很纯的西安话，我们搞西安规划时，也在搞"反四过"，他去访问贫困户，找个小凳子就坐着和老百姓讲西安土话。王峰不太讲话。

还有李正冠，我熟。他先是城市设计院院长，后来调到北京市设计院，最后又调到北师大当党委书记。我在河南时，他曾写信给我，让我去北师大集团基建处。那时候我已经接到了杭大的调动通知，我说先回南方，不去北京了。李正冠院长人很好，也非常干练。

李　浩：还有王文克，您了解吗？

张友良：王文克局长人很和气，一副金丝边眼镜，很随和，有时叫我们陪他和苏联专家一起去香山春游。有一次我出差去上海，住在上海大厦，碰巧王局长也来出差，同样住在上海大厦。那时，正好在复旦大学读新闻系的我妹妹在上海广播电视台实习，就在上海大厦对面。他见到我妹妹，夸她普通话讲得好，说毕业后来北京工作吧，后来我妹妹真的被分配到北京广播学院当教师了。

李　浩：两个局长——孙敬文、贾震，您有什么印象？

张友良：我和处级领导接触得比较多，与局长们接触不是很多，这几个领导都不错的。

李　浩：您刚才说到1957年"五一"节去西安，还接触到蓝田。蓝田也是很早、很关键的一个人物，在《人民日报》上发表过他的署名文章。关于他的名字，档案资料中的记载不太一致，有的是有个草字头的"蓝"，有的是兰州的"兰"。

张友良："兰"是简化写法，不对的，应该是草字头（蓝）。他那时候应该是50岁左右，1957年。

李　浩：他是什么形象？知识分子的感觉，还是老干部？

张友良：人很好，个子不高，就是领导干部的样子。

老领导中，我去过李蕴华副院长家一次，在西单附近一条胡同里的一个带小花园的四合院。她摘葡萄给我们吃。我还见到了她的老伴张霖之部长。部里其他我比较熟悉的有关领导有：设计局花怡庚局长，他经常找我谈关于建筑学会的工作，他也是学会的秘书长；与建研院的汪之力院长接触较多，他来浙江时就陪他下去考察；还有汪季琦，他当年是上海华东基建处处长，在同济兼课，讲"基本建设"，我是他的学生。他老伴顾清侣是我在展览馆工作的同事，她是我的长辈，我尊重她，她也很照顾我。1963年，我患下肢静脉曲张，住人民医院，需手术，她还带了她自己做的菜来看我。

再有就是北京工业设计院的金瓯卜院长与林乐义总建筑师，由于我在建筑展览馆承办的全国工业交通展览会（建筑馆、建材馆与规划馆）、广州交易会展览馆，以及很多有关建筑、规划的出国展览，经常与北京院二室的曾坚、吕克胜、李锦秋、黄建才、李定毅、张绮曼等同志一起工作，因而与金院长、林总联系较多。

另外，在河南许昌的时候也碰上了两位领导干部。一位是全国总工会林业工会的主席，九级干部，叫宋川，他老伴叫成可，也是下放到那里的，我们来往较多，也算是忘年交了。还有一位是机械工业部设计总院的（副）院长唐有章。这位老革命在苏联毕业，苏联工作，苏共党员，回国后当一机部设计总院的院长，在"文化大革命"中落了残疾，下放到许昌来疗养，与我们相交颇深，后来经组织部落实政策，回了北京，我们去北京时也看望过他。

那时候，城市设计院的夫妻档特别多，至少有 12 对：周干峙和瞿雪贞，万列风和郭亮，王健平和张国华，李桓和葛维英（现在杭州良渚一个养老机构），张孝纪和徐美琪，张贤利和赵垂齐，王伯森和赵淑梅，张惕平和顾曼琳等。

在阜外大街上班时，周干峙和我同住一间宿舍，就在办公大楼南面的东北角拐角的四楼，单元房子，我跟他两个人一间住在厨房里，水泥地，边上有一个水斗，洗脸特别方便。一天晚上回房间后，看到窗外有一颗流星划过，他说想到唐李后主的《乌夜啼》词："无言独上西楼，月如钩……"我开玩笑把它改成打油诗："无言独上四楼，星如帚，为何照我床头，触霉头，挡不掉，遮还漏，别是一番'翁仲'在心头。"一笑！

四、与傅雨田书记结缘

张友良：在领导当中，我接触最多的是傅雨田[①]，从 1957 年 4 月下旬陪他去河南参加三门峡水库开工典礼开始，当时，他作为全国人民代表去视察工作。

那时候，按照规定，部长级的领导可以带三个人：秘书、技术顾问、保卫。结果傅雨田书记特别节约，特别朴素，他说我不要那么铺张，你们帮我找一个年轻一点的，生活上可以照顾我的，技术上可以解决问题的，这样就可以了。结果有一天，鹿渠清院长通过技术室程世抚主任通知我下午到部里去报到。我问："什么事情？"他说："我也不知道，你去吧。"我就下午去了。一进门就被安排到傅雨田那儿，他说他视察工作要把我带去。这个工作我没有做过。他说："没什么事情，你准备准备，后天出发。"

第一站到了三门峡水库，一起去的还有他的老战友李葆华——李大钊的儿子，水利部的党组书记。李葆华带了三个人——三门峡总工程师李鹗鼎，一个保卫，还有一个秘书叫李兰芬，是个男的。他们四个人，我们两个人，坐的软卧，火车一直开到三门峡站时，两辆车已经在站台上等着了，安排到宾馆。第二天，

① 傅雨田（1915—2003），原名傅文钟，曾用名：王桐、傅玉田、傅锤，锡伯族，辽宁新民人。1936—1949 年，曾任山西省牺牲救国同盟会常委、国民军军官教导第八团政治主任、中央党校二部秘书科科长、中共辽宁省委委员、辽吉省委委员、辽北省委委员兼省委秘书长、辽西省委常委兼省委秘书长等。新中国成立后，曾任中共辽西省委副书记、长春市市委书记兼市长。1956 年 1 月调至北京，任国务院城市建设总局副局长、城市建设部部长助理。1958 年 10 月调至广西工作，曾任中共广西壮族自治区区委常委、广西壮族自治区人民政府副主席、广西壮族自治区科学技术委员会主任等。"文化大革命"中受迫害，十一届三中全会后得到平反。1978 年后，曾任江西省副省长、江西省委书记等。1988 年离休。

三门峡开工，那样的场面我第一次见到，到处放鞭炮。《人民日报》记者陈俊跟着我们一块儿下去的。部长在台上坐，我一个人到处拍照。

庆典结束后，李葆华他们回北京。晚上，我一个人在房间接到个电话，谷牧打来的，我说傅部长出去了，他说："你等他来了以后告诉他给我打个电话。"后来一联系，就是"反四过"，让他不要回北京，直接到西安，高峰、周干峙他们已经都在那儿等着了，蓝田也去了。

我们跟着傅部长一起到了西安，住在人民大厦。到了接待站，有规矩的，不管是部长还是随从，都叫"代表"。他们叫傅部长"傅代表"，叫我"张代表"。我说我不是代表，我是随从，他们不管的，他们都叫代表。这个阶段，我就当了傅雨田的秘书，高峰、周干峙和当地城建局的局长李廷弼，积极帮助整理材料。整个过程我都了解。

傅雨田在我的印象中特别好，"反四过"回来以后，建工部为了纪念成立20周年，在人民大会堂举办活动，要组织一套大型节目，就把我调去关在他的办公室，让我四天时间写出一个纪念五四青年节内容的剧本，写出草稿后他亲自修改审定，共有三幕。我记得参加演出的有200多人，主要是部直署各司、局、院的青年干部和建筑文工团的几位主要演员。

后来，在人民大会堂演出。演出的时候，我在后台跑上跑下，又是导演又是舞台安排，当时我紧张得浑身是汗，生怕出错，幸好顺利完成了演出任务，遗憾的是当时没有录像留下来。

后来傅雨田调到广西南宁，当广西自治区副主席，那是1966年初，"文化大革命"刚刚开始不久。1966年中，我正好去西南办建筑巡回展览，先到四川，再到贵州，最后到广西。傅雨田曾招待我去书记大院，那里环境好，有好几个网球场。他问我："广西好不好？"我说："好！南宁好，桂林和柳州也好。"

"文化大革命"开始后，有一次我在小报上看到傅书记也被划在中央61个"叛徒集团"里面，心想这回他要受苦了，要进牛棚了。以后好几年没有消息。到了1969年前后，从报上偶然看到了消息，他恢复工作，调到江西去了，当省委副书记。我马上给他写信说我已经到杭州了，请他有空过来玩。他说他忙，没有时间。退休之前没有来过杭州。有一次我去江西招生，那天正好开人代会，他作报告，他通知建工局转告我去会场等他，把我放在后台，开会之后，用车带我出去转了一圈回来。他退休前曾给我来信（图3-6、图3-7），退休后才有空带老伴来杭州玩了三天，住在北山路新新饭店，我陪着。

中国共产党江西省委员会

友良同志：

我们这里一研究员叫刘峰的多年来一直在研究九江庐山座谈成立东方的日内瓦，为之他多方搜集材料，并将其研究所得印成小册子，或有机会就作报告。几年来颇有一些唱和者，人民画报为塑造东方日内瓦做过介绍，香港文汇报也以"九江建亚太会议中心"为题作过介绍，现在我把刘峰写的材料寄给你，希望得到你的指点，如果你认为这个倡议是可行的，我建议你也是一位倡导者，并同北京一些人如周干峙同志一齐来为这个东方日内瓦鼓吹鼓吹。

中国共产党江西省委员会

如果缺什么材料可函告

希望听到你的意见

敬礼！

傅雨田

十二月六日

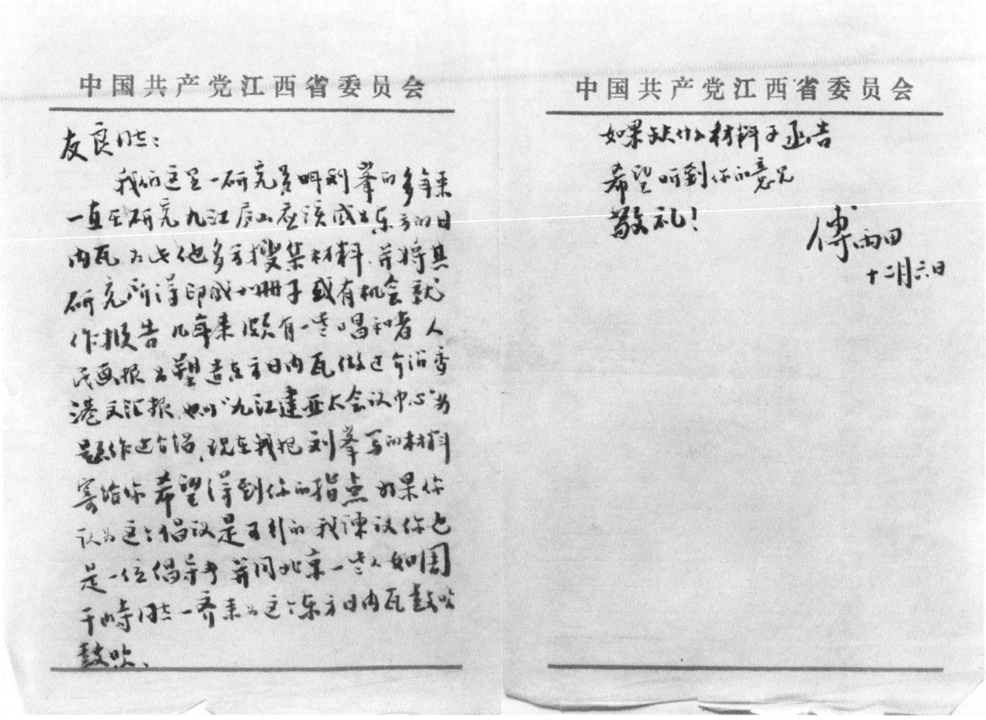

图 3-6　傅雨田致张友良的书信（1980 年）

资料来源：张友良提供。

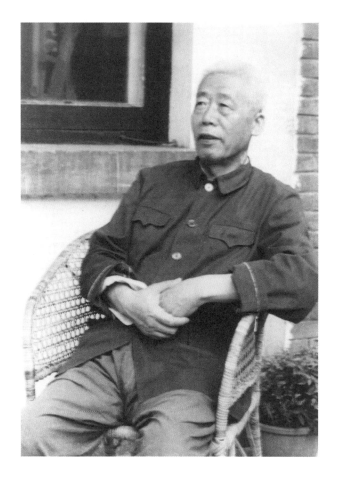

图 3-7　傅雨田的留影（1978 年）

资料来源：张友良提供。

图 3-8 苏联专家库维尔金夫妇
与中国同志在香山碧云寺留影
注：库维尔金（左3）、张友良（右2）、
库维尔金夫人（右1）。
资料来源：张友良提供。

五、风格迥异的苏联专家

张友良：刚刚到城市设计院工作的时候，领导都跟我们打过招呼了，苏联专家的意见不
　　　　管是对是错，一定要接受，有什么问题另外再说，一定要服从。专家的分工：
　　　　规划是巴拉金、玛娜霍娃、库维尔金，电是扎巴罗夫斯基，经济专家是什基别
　　　　里曼。专家们没有架子，对我们都很亲切，专家工作组的翻译跟我很熟悉，如
　　　　高殿珠、靳君达，我和他们都特别熟。

　　　　院里规定每年春天5月初带专家去香山看玉兰花，秋天也要跑一趟西山看红叶，
　　　　院领导李蕴华、易锋有时一起去，还有办公室人员（图3-8）。我主要是为大
　　　　家拍照服务，因为我在同济学习时有机会向金经昌教授偷学两招，金教授是当
　　　　时世界十大摄影师之一，艺名金石声，是摄影界名人。

　　　　有一次李蕴华带队去江苏和浙江，带了库维尔金、玛娜霍娃、扎巴罗夫斯基，
　　　　翻译是高殿珠、韩振华，其他随从人员有谭璟、龚长贵、赵晴川和我。先到南
　　　　京，再到无锡、苏州（无锡和苏州都有院里的点）、杭州，又到上海（图3-9），
　　　　主要做规划指导工作。

李　浩：说到照片，您提供的这张照片（图3-10）特别宝贵，它是您拍摄的吗？您能否
　　　　回想一下当时的情况？

图 3-9 中央城市设计院工作组在上海期间的一张留影（1956 年 10 月底）
注：前排：高殿珠（左 1）、李蕴华（女，左 2）、张友良（左 3）、赵晴川（女，右 1）；
后排：谭璟（左 1）、韩振华（左 2）、扎巴罗夫斯基（左 3）、龚长贵（右 4）、库维尔金（右 3）、后奕斋（右2）、汪定曾（右 1）。
资料来源：张友良提供。

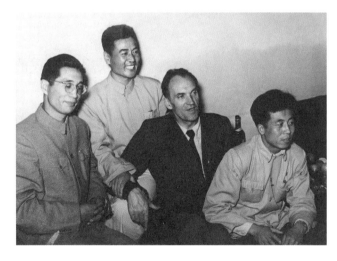

图 3-10 王文克、高峰、靳君达与苏联专家巴拉金在一起
注：左起：王文克、高峰、巴拉金、靳君达。
资料来源：张友良摄影及提供。

张友良：这张照片是我拍的。一般来说，办公室不会摆酒瓶，而且靳君达就坐在地上靠着扶手，很随意。我有点儿想不起来是什么情况下拍的，可能是王文克的办公室，酒可能是巴拉金带去的，记不太清楚了。

我记得还给专家拍了几张照片，有一张是阿凡钦柯和他夫人的合影，二人拿着羽毛球拍，半身近照。他们非常满意，来找我，非得把底片要回去，照片我也没有留下来。

后来专家撤退的时候，我们很不舍，眼睛都红了。一直到后来，有人出差到苏联去开会，还去看望了他们。

李　浩：您与哪几位苏联专家的接触比较多？请您讲一讲他们的个人特点、工作方法。

张友良：巴拉金学术性比较强，像一个技术领导干部，说话有一定的权威性，人也比较严肃，说起话还是比较有条理的，不是很武断，不是居高临下的感觉，挺照顾我们国情的。

每个礼拜五下午，我们有业务学习，巴拉金给我们讲课。他讲过一句话让我印象非常深，他说不管是谁要搞这个城市的规划，必须先熟悉这个城市。为什么强调调查现状要那么仔细呢？确实是从实际出发。

后来，我到杭大讲课的时候，也这么讲，一定要把现状调查清楚了，哪些地方必须保护，哪些地方要修，哪些地方必须要拆，我到每一个城市去不是只看好的地方，大街小巷都要看，一边看一边考虑有什么问题，这段路为什么拐弯，发现问题还要考虑怎么解决这个问题，这对于我们很有帮助。

库维尔金比较活泼，也随意，不像巴拉金那样比较严肃。玛娜霍娃是女专家，说话更随便。扎巴罗夫斯基是搞电的，电组的几个——赵晴川、龚长贵他们几个跟他接触多。什基别里曼是搞经济的，经济室赵瑾他们比较了解。他们从苏联过来前，也接受过纪律要求，对中国也是尊重的。有一次，我听说另外一个部的专家登泰山时坐了轿子，后来有人反映上去，结果那位专家被召回苏联去了。

六、对苏联规划模式的评价

李　浩：关于当年学习苏联城市规划的理论、方法，或者叫苏联规划模式，经过六十多年以后，您怎么评价？

张友良：我们尊重他们，他们建国早，学科建设与实践方面有比我们成熟的经验，但他们有自己具体的条件。每个国家都应该有自己的历史文脉传统，每个城市都应该有自己的肌理和特点。我们国家虽然1949年才全国解放，但文化历史有几千年的积淀，《周礼·考工记》里就有关于规划实践的记载。其后，经过多少世纪的轮回，近代五口通商后又受到英国、法国、德国的影响，跟苏联肯定有不同的理解和做法。

苏联的规划模式有些容易接受，但他们的环网加放射路的交通模式，在中国就不一定行得通。中国的习惯认为朝南是正房，朝南的方向最好，全国都改不了这个传统习惯。平面构图还是形式问题，从内涵上讲，问题比较多的还有城市性质，当时过分强调生产，重生产、轻生活。

建工部的萨里舍夫专家在1957年3月15日作过一个"小区规划与修建问题"

的讲座，从规划原则、方法、绿化、工程设施到经济、指标、工期和编制程序，共9讲，很具体。城院的库维尔金专家在1957年3月21日也作了城市规划问题的讲座，这些对我们开展工作还是有很大帮助的。

傅舒兰：可以再具体谈谈吗？跟您说的一样，中国人传统的概念是有的，那么久的历史，不可能没有。但近代开设市政开始逐渐引入欧美的办法，制度也好，规划手段也好，到了解放以后就学习是苏联，这个是不是转折点？对现行城市规划体系产生的影响到底有多大？想听听您的理解。

张友良：这么多年以来，我们自己对规划的认识理解也在逐步深化，特别是在十年动乱之后，全国进入改革开放时期，变化还是很快的。这可以简化成三个阶段：①改革开放初期——打开窗户，新风扑面，五色璨烂，兼收并蓄；②改革开放中期——领会消化，取长补短，中西融合，以我为主；③改革开放后期——取其精髓，学其理念，扬华夏之长，创现代之新。

总之，现代的规划师应振臂高呼：创建我们自己的规划理论，来指导社会主义新时代的建设实践；要制定严密的城市规划法规、条例、标准，来规范自己的职务行动；要使城市中各类工业、仓储、居住、服务、交通、绿化等用地合理配置，各得其所；要让城镇中各种产业和企业实体能得到持续发展；要使交通、供水、排水、电力、电信、燃气等各项公共事业不分昼夜安全运转；要让不同年龄段的居民、不同经济阶层的人群都能找到适合自己学习、就业、娱乐、休闲的生活流动空间；要自觉坚持规划专业的职业操守，作一个远离功利主义、排除肤浅、浮躁，合格的城市规划师。

傅舒兰：所以，您觉得现在的很多问题，与新中国成立初期开始熟悉的这一套从分区布局开始做规划的方式，是有关系的？

张友良：你们现在做的工作非常重要。把新中国成立以来的发展事实理清楚，把发展中发挥好的影响和不好影响的区分开，好的方面要肯定下来，不好的方面怎么调整过来，必须要建立我们自己的城市规划理论。像英国的"田园城市"，他们有一套理论。德国的城市体系相当成熟，相当不错。中国到底有什么？必须要建立我们自己的理论，假如没有这套理论，我们的城市规划法规和管理的条例都没有用处，没法执行，没有操作性。

周干峙曾经讲过一句话：我们的城市规划是三种人的意见，一种是规划师本身的意见；一种是房地产商的意见；一种是领导的意见。以前叫"点头规划"——领导说了算。现在要听房地产商的，他要怎么样就怎么样，我要这块地就要这块地，甚至规划已经做了详规，结果房地产商看中这块地了，容积率就可以提高，法规根本不严密。三分规划，七分管理，没有管好的话，还是一团糟。规划要有科学的理论、符合国情的理论，一定要争取尽快建立起来。

七、在建研院建筑展览馆工作的经历

李　浩：张老，您后来怎么会去做展览工作了呢？

张友良：展览这项工作不是我们城市规划设计院的主要工作，怎么会做起这个工作来呢？1956 年的时候，为了城市建设部向中央领导汇报规划工作的需要，城市设计院承担了规划展览任务，我们内部叫"一展"。刚开始时，院里派刘学海和我到上海和安徽具体联系。经过商谈研究，计划由上海文化广场的工厂承担模型制作任务。方案确定后，刘学海回北京了，把周干峙、张孝纪等派来和我一起工作。后来周干峙先回北京了。

周干峙回去以后，我和张孝纪、吴明清等几人在上海工厂盯着他们做，做了两三个月，后来把模型送到国务院去。后面的情况我就不知道了。

李　浩：这之后呢？

张友良：这个事情以后，因为模型做得比较好，几位部长都看到了，后来委托我们做展览的任务陆续上门。

来委托的主要是两个"口子"：一个是国家贸易促进会（做生意的，世界各国博览会，法国的、莫斯科的、东京的都有，展览会中往往有个城市建设馆，展出建筑材料和建筑设备等产品的陈列设计由我们来承担）；另一个"口子"是对外文委，以图片为主（图 3-11）。这两个"口子"，每年都有三到五个项目过来，最大的工程量就是 1958 年开始的全国工业交通展览会，在苏联展览馆展的。那时候，我们部已经分成了三个部——建工部、建材部和城建部，三个部给我们三个大展馆：建材馆、建筑馆和规划建设馆。

我们城院负责规划建设馆，建筑馆是林乐义他们负责，建材馆是建材部负责，三个馆同时准备，同时完成（图 3-12）。完成以后预展，内部审查，规划建设馆一次通过，建材和建筑馆没通过，要修改，改了以后还是没通过。那时，把我叫去帮忙，后来终于通过了。展出期间还把我留在那儿，有的时候首长或专家要来参观，要我当讲解员作介绍。

建筑展览馆做了个人民大会堂模型（图 3-13），连东西长安街 7 米多长，丁字形的，围满了观众来看，还接待过很多首长。有一次班禅额尔德尼带着他的母亲来看，也是我介绍的。讲解时旁边两个女讲解员是我的师妹，同济大学规划专业毕业的，两位都是北京市规划局的，一位叫章之娴，还有一位叫孙红梅，后来调去上海市规划院了（图 3-14）。

李　浩：第二届展览是在建筑展览馆举行的？

张友良：对，1959 年，规划建设馆、建筑馆、建材馆在甘家口的建筑展览馆开的。在那里我还接待了朱德总司令。

图 3-11　1962 年展览会上与工作团队合影
注：拍摄于广交会展览馆一侧
前排：黄建才（右 3）；后排：张友良（左 1）、徐佩龙（左 2）、原合林（左 8）、林乐义（右 5）。
资料来源：张友良提供。

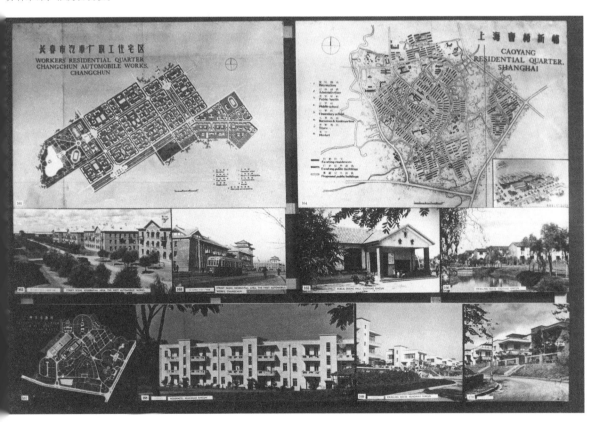

图 3-12　全国工业交通展览会上展示的工人住宅区规划与建筑（苏联展览馆）
资料来源：张友良提供。

图 3-13　建筑馆展览会上展示的人民大会堂建筑模型（1959 年）
资料来源：张友良提供。

那时，建设部保卫处的小包跟我讲：老张，回头有位领导要来看，你来讲。我说：谁？他说待会儿你就知道了。没说两句话，朱德转过来了。一看是朱老总，我直发呆，不知道怎么讲话了。朱德挂着根拐杖，精神很好，他看我很紧张，就问：小同志你姓什么？他还很关心地问道："你的展品里有没有一个哈尔滨的'四不用'大楼？"我说我不知道这个建筑，他就走过去看别的去了。

后来，我们把这个情况跟领导汇报了。原来，报纸上登过这个消息，哈尔滨搞了一个"四不用"大楼——不用钢材，不用水泥，不用木材，不用砖块。于是，马上派人到哈尔滨了解情况、收集资料，回来很快做了个模型。做好以后，朱老总又来看了一次，坐着红旗轿车来的，这是我最激动的一刻。

从 1958 年搞"一展"开始，城市设计院就成立了展览设计组，一共十几个人。我当组长，徐国伟当副组长，成员还有王健平、张国华、马维源、张祖刚、班卓、陶冬顺、张作琴和廖可琴等。

到 1962 年，城院快要解散了。鹿渠清院长把我叫到他的办公室。他说，现在已经有 50 个人到西安去，50 个人到四川去了。他问我："你怎么考虑？"我说，规划总是要搞的。他说近两年不会搞的，连他都要下去了。我问他要去哪里？他说去乌鲁木齐当副市长，万列风跟他一起去，当生产指挥部主任，都要下去，不知道什么时候回来。

后来，鹿渠清院长说：你这样吧，展览工作现在停不了，还要做，建设部一直要你去，院里都打回去了，没有告诉你，他们来了三四次。现在规划既然暂时不搞了，分到哪里去还不知道，他们需要你的话，你去展览馆吧，展览馆是建研院管的。他说等他有朝一日回来的话，再把我调回来。其实，我心里是不想去展览馆的，整天搞跟规划关系不大的展览，但也没有办法，只能到那儿去报到（图 3-15）。

图 3-14 全国工业交通展
览会上展示的北京总体规划
（1959 年）
注：讲解人员左起为章之娴（左
1），张友良（中），孙红梅（右 1）。
孙、章二位为北京市规划局工作
人员。
资料来源：张友良提供。

到了展览馆，我被分到设计室当主任。展览馆里做模型的加工厂不小，木工、机电、
油工、美工、粉刷工，什么工种都有。南方工人比较多，有无锡的、义乌的、东阳的，
领导要我兼任厂长，跟工人好沟通。我在展览馆待了好几年，从 1963 年开始到
1969 年，五六年的时间，那时候出国展览做得多，加拿大、日本、蒙古国、欧洲、
非洲的都有，二十几个国家都做了（图 3-16），一直做到"文化大革命"开始。

"文化大革命"开始后，展览业务工作基本停下来了，大家无事可做，我有点
闲不住，偶尔在报上看到一篇关于内蒙古文艺战线"乌兰牧骑"的经验报道。
于是我想，为什么展览非得在北京办呢？大量基建工程工地上的群众看不到。
我想把展览的展品做成轻便的图板和模型，办成流动性的巡回展览不是更好
么？这个想法得到了馆长原合林的支持，于是派我下去收集基层土建工程的"双
革"素材，回到北京后再加上其他地区优秀建筑施工机械的材料，制作了一套
便于携带的图片和模型，还带了两部国外先进的建筑技术电影，又制作了一些
挂钩，到了下面工地就可以挂在脚手架上，再摆上一套小模型，就成了一个流
动展览，白天看展览，晚上看技术电影，一定会受大家欢迎。

当时，我带了两个人：一个年轻的讲解员王宗碧；一个木工师傅谢明山，帮着
敲敲打打，挂挂图板，总共 10 只小型木箱，轻装出发了。第一站是四川省，
由省建工局帮我们安排，去了成都、德阳、绵阳、江油、隆昌、泸州、内江、
自贡等十余处工地，很受工地群众欢迎。四川还没结束，消息传出，邻省贵州

张友良先生访谈　　| 097 |

图 3-15 在阜外大街城市设计院后院和展览设计组部分同事合影（1960 年）
注：前排：张作琴（左1）、徐国伟（中）、廖可琴（右1）；
后排：张祖刚（左1）、陈儒俊（左2）、陶冬顺（右1）、张友良（右2）、万列风（右3）。
资料来源：张友良提供。

图 3-16 苏联建筑文化展览上展示的拙政园摹写
资料来源：张友良提供。

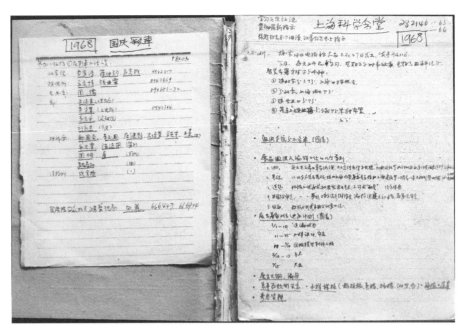

图 3-17 张友良策展日记（关于国庆彩车与上海科学会堂展览，1968 年）
资料来源：张友良提供。

发来邀请，经建工部军代表同意，接着去了贵州省，由省建工局安排去了贵阳、
平坝、安顺、都匀、凯里、遵义、桐梓等八处山区工地。

之后，广西壮族自治区也来邀请，再经请示建工部同意后，又周转去了广西的
南宁、田阳、百色、武鸣、柳州、崇左、梧州等八处山区工地。二省一自治区，
长途跋涉三个月，坐的卡车，吃的盒饭，睡的工棚。虽然累一点，但看到广大
工人兄弟在我们到时列队欢迎，我们一下车开箱挂图板，他们热情地帮着一起
干，前面在挂，后面已经分组排队参观了，我们三人早忘了旅途劳顿，顾不上
口干舌燥，白天讲解，晚上放电影，用话筒讲解（因电影是英文原版的，需翻
译）。这个深入工地的巡回展览赢得了大家的称赞，所以，我们还没回到北京，
各地的反映和表扬信已经纷纷传到北京，表示感谢党和政府的政策，感谢建工
部领导关怀基层工地群众的心情。

所以，我们回到北京后，建研院召开了一次全院表彰大会，展览馆的巡展小组
评上了先进集体，把我评为"活学活用毛泽东思想积极分子"。其实我只是想
努力做好一个展览设计工作者应该做到的义务和责任（图 3-17）。

八、"一五"时期的"反四过"运动

李　浩：张老，您参与过"一五"时期"反四过"运动的检查工作，这是个很大的事，包括后面的"三年不搞城市规划"，都是"反四过"的后续。可否请您谈谈对"反四过"运动的看法？

张友良：至于"反四过"的事情，我跟大部分人的看法都一样。第一，规模没有过大，西安当时五十几万人，我们规划远期做到 120 万人，但没有几年就突破了。规划并不是过大，我们规划必须考虑远景的。

第二，标准并没有过高。城市用地每人 76 平方米，其中居住用地 33 平方米，绿化 12 平方米，道路和公建各 15～16 平方米，加起来 76 平方米，还有 24 平方米考虑是工业仓库的，加起来 100 平方米，这个城市规模很好算。每人 100 平方米，统计规划用地框算比较简便，而且仅仅是控制。我们还有近期规划，一步步来，规模并没有过大，标准并没有过高。

至于"求新过急"，"大跃进"的时候倒是有的，人民公社到处搞，农村也想搞直升飞机场，这不是要求过急了么？客观地说，规模没有过大，标准也没有过高。

至于为什么会"三年不搞城市规划"，可能有个别规划院的同志，跟当地的情况没有很好地融合，自己的想法没能让地方领导理解，还有硬着来跟地方关系搞僵的，部分地方领导反映到中央，中央考虑也许规划真有问题了，一下子定了"三年不搞规划"。但是事实上，规划是不可能停的，实际工作还是在做。所以，有人讲城市规划"板子"打错了。

我比较同意吴纯的看法，对和错这种事情过去就过去了，也不用"平反"啊，"昭雪"啊，没那么严重。我记得在 1957 年 3 月 28 日鹿渠清院长召集各设计室主任、工程师和组长开过"四过座谈会"，由程世抚主任作主题报告，谈"四过"现象及改进建设，后由史克宁副院长作小结。

李　浩：刚才您提到 1957 年傅雨田书记带队去西安，"五一"节后搞"反四过"的检查，当时的"四过"检查，城市建设部部长万里去了没有？

张友良：没有。我参与过"反四过"检查。1957 年 4 月 25 日，傅雨田书记带我视察三门峡水库开工时，接到谷牧同志的长途电话，然后我们于 4 月 27 日去西安做"四过"检查工作（图 3-18）。

那时，高峰、蓝田、贺雨、周干峙等同志已事先到达。傅书记与我住在人民大厦，每天去西安市政府开会。会议由西安市规划局李廷弼局长主持，听取规划、建筑、工程、人口四个组的情况汇报，最后要求在 7 天内做出西安市规划的修改方案，提出问题、解决方法和措施，由周干峙负责修改公共建筑定额标准。

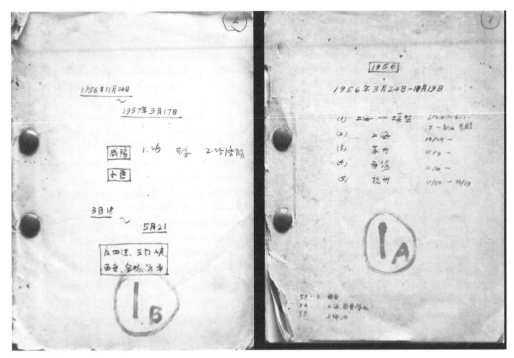

图 3-18　张友良先生 1956—1957 年日记中记载的"反四过"相关情况
资料来源：张友良提供。

接下来几天，连续下现场踏勘视察，接待新华社、人民日报社与当地新闻界记者，
听各小组检查、汇报、讨论解决措施，夜以继日，连续作战，"五一"也不休
息，期间还去周围城镇，如兴平、蔡家坡、宝鸡等地视察、调查，然后回西安
继续分组讨论、汇总修改，向省、市领导汇报，听取有关部门意见，多次与西安
市的李廷弼局长和陕西省任局长交换意见。最后完成正式文件，向市委汇报，
并呈报李富春副总理。前后奋战将近一个月，于 5 月 22 日才离陕回京。

"反四过"时倒是当地的抵触情绪较大，当初一起参加规划的研制和画图工作
的比较合拍，他们已经完全接受这个规划了，结果一下子要推翻，他们接受不
了"四过"的批评，可以说完全不接受，这个情况对部领导也作了汇报了。

九、"大跃进"前后的城市规划工作

李　浩：　"大跃进"期间的城市规划工作情况，您有何记忆？

张友良：　1958 年"大跃进"期间，记得有一次是李蕴华带队，我陪同，带了库维尔金、
玛娜霍娃、扎巴罗夫斯基，一起到南方视察。当时先到无锡，印象非常深刻的是，
那时候，规划都飞快"上马"，什么条件都没有也要做规划。开会时，当地的
局长问李院长，他说我们没有现状图，你们能不能做规划？李院长把问题撇到

我这儿来，她问我能不能做？我说不行，不能做，我没法做（笑），局长就回去了。

李　浩：关于"青岛会议"跟"桂林会议"，我听到一个说法。为什么要开青岛会议呢？据说是因为毛主席说中国有两个城市规划建设得比较好，其中就有青岛。桂林会议为什么在那儿（桂林）开呢？我听到一个说法，部里有领导在广西挂职，但他（傅雨田）是1966年才去广西当的副主席，而桂林会议是1960年召开的，应该不是他。

张友良：不是他。毛泽东说两个城市好，一个是青岛，一个是长春，他讲了以后，我们局领导马上说毛主席讲话一定有道理，马上组织两个组分头到青岛和长春体会、总结到底好在什么地方，回来以后出了两本画册：《青岛》和《长春》。所谓好，青岛是德国人设计的，长春是日本人搞的，有规划，特别是青岛，一直到今天，大家都一致赞同。

李　浩：有位学者借毛主席表扬青岛和长春，说毛主席有崇洋媚外的思想，因为这两个城市分别是德国和日本主导建设的。

张友良：（笑）不管哪个国家参加设计的，好就是好，不好就是不好。但这两个地方当时我都没去，桂林会议我也没去。

李　浩：1960年代初强调全国学大庆，它的精神是周恩来总理总结的16字方针："工农结合、城乡结合、有利生产、方便生活"。从城市规划专业的角度，大庆比较提倡"不建集中城市"，搞"干打垒"。后来还有一个日本留学生越泽明评价大庆是走出了一条"非城市化的工业化道路"。您怎么评价"大庆模式"？

张友良：可以表扬他们的艰苦奋斗和革命精神，说得再高都没有问题，但是不能全国推广。有地区性，有时间性，各方面因素。大庆当时是保密的，地图上找不到这个地方。一大片区域没法形成城市，而且都是沼泽地，没法盖房子。油田都在沼泽地的中间，喝水都成问题，基础设施也没法搞。油田都是分散的，没有建筑，房子只能盖在比较干燥的地方，也没有烧砖的土，只能"干打垒"，一块一块垒起来。像在四川只能用石头盖房子一样，各个地方都有自己的条件。如果一定要在沼泽地上建城市，技术上可以解决，如大面积抽水降低水位、换土、打深桩、多设沉降缝等措施，经济上是否划得来，要做综合比较。大庆是在非常艰苦的条件下为我们国家作出了巨大贡献，全国学习大庆，学的是大庆精神。但大家都了解，这种方式只能在大庆进行。

在这期间还有一个事情，印尼排华，很多华人逃到了北京。其中高中生年龄段的大概有几百人，这些人在华侨学校学习，要上大学，怎么办？院里知道这个消息以后，就办了一个北京规划专科学校，一年制的，招收了50多人。校长是柴桐凤，班主任是董克增，因为一开始我在外面搞规划，没有在家，出差回来的时候，课基本都有人教了，要我去教体育。为什么呢？因为我从小学太极拳，中学和大学时都是田径队的选手，跑步、跨栏、跳高、游泳各项运动都可以，后来也教过道路交通与园林绿化课。

那时候，我和我妹妹两个人在北京，我妹妹是复旦大学新闻系毕业的，毕业后到了北广。我们当时都是单身，每个礼拜六都在外面吃馆子，还喜欢参加各种文体活动。在山老胡同上班时，开展工间操活动，三年困难时期，曾经组织过工间操，我是领操员，后来还成立了俱乐部，我是俱乐部的主任，每个礼拜六要组织舞会，要请乐队伴奏，有时请甘家口外文出版社的印尼华侨乐队，有时我们自己组织。

我妹妹也喜欢跳舞，她们广播事业局的舞会就办在复兴路中央电视大楼里面，一个礼拜接待中国首长，一个礼拜接待外国专家。外国专家的舞会我们不参加，中国首长来的舞会我们常去。一起跳舞时碰到过李先念、陈毅、邓子恢等首长。那时候，每年"五一"节和国庆节还有两次大游行。我们年轻人的一个任务是陪同外地过来出差的客人，往往半夜就要起来等了。晚上还要参加集体演出，那个年代很多事情都值得回忆。

十、"文化大革命"期间的工作经历

李　浩：请您回忆一下"文化大革命"期间的工作经历？

张友良：在"文革"时期，我有很多事情看不懂。第一，不懂"造反派"为什么冲冲杀杀，让人害怕；第二，不懂"保皇派"，领导有什么问题我基本都不知道，我不介入；第三，我也不懂"逍遥派"，逍遥派什么事情也不干。我就搞宣传工作，那时候，我跟王申如、张宝玮、孙骅声他们几个参加了毛泽东思想宣传队。中央一个指示下来，我们马上出去唱歌跳舞，做宣传工作。

正好在这个阶段，铁道部地铁局把我借调去了。当时，地铁1号线从建国门站开始，经过长安街一直到石景山，17个站，30多公里长。那么大的工程，规划、设计、施工、掘进、开挖都有专业的单位承担，地铁局让我负责做崇文门站的站房内装修设计。地铁工程局办公地点就在北京饭店（老北京饭店大楼，现在拆了，变成了新的北京饭店），在那里上班。

那时候是1969年，我刚刚结婚。我记得是春天去的，工作班子里，我当组长，调来几个人。其中刘勃舒是中央工艺美院的（后来当了副院长），他画马很出名。还有一个是北京电影制片厂的，是美工，有四五个人都是搞美术的。当时，我还带着建筑展览馆的几个工人师傅去做些装饰部件什么的，但都还没有全部完成，就要下干校了。

部里军管会催我下干校，说大部队都走了，你赶紧回来；但这边又说任务没有完成，要完成以后再走。办公室电话就在我桌子边上，地铁部接到建工部的电话，他们在电话里争吵，部里说下"五七干校"是毛主席的命令！地铁局说新中国建国20周年，地铁通车也是毛主席的命令，部里说，你们就缺张友良一个人吗？地铁局说，他是负责人，走不了！部里说，你不放，我们工资停发；地铁局说，你不发我发，几十块钱谁发不起？我们发！

大部队都下"五七干校"了，地铁任务基本告一段落，我一个人赶到新乡地区小李庄大队报到。我们大队是展览馆的馆长原合林当连长，一个退伍的军人当政委，我去得晚了。刚去的时候分配我做水泥管、水泥电杆，把电线网路竖起来，后来就下农田干农活。

李　　浩：同去"五七干校"搞规划的有哪些人？

张友良：我跟朱颖卓、王申如一个队，姜中光、王瑞珠、林志群、魏泽斌、孙骅声、陆平等人在一个连队。

　　　　"五七干校"后期，一批一批分出去，把我调到厨房去帮厨。我不知道厨房的活怎么干，但也学着杀过猪、炒过菜、分过肉，期间闹过不少笑话。

李　　浩：展览馆是属于建研院管的？

张友良：对。当时也归情报所管。情报所的领导是史亚璋和石更（石更是建研院长汪之力的前妻）。

十一、早年在同济大学学习的有关情况

李　　浩：张先生，早年您为什么会在同济大学学习都市建筑与经营专业呢？

张友良：这个也是偶然的，家里经济情况不好，祖父经商，到父亲一代不善经营，家道衰落，希望子女接班。开始让我上立信会计专科学校，两年后拿到大专毕业文凭，可是我一点没有兴趣，想搞建筑。那时候搞建筑的学校还不多，之江大学有这个专业。当时考大学，我第一志愿录取的是公立大学，分到上海工业专科学校。工专前身是英国的雷斯德工学院，设备和师资都挺好，三年制的，没有建筑，只有土木。在工专读了两年，遇到1952年院系调整，调整到同济，我想去读建筑，但建筑学还要单独考试，而都市建筑与经营不需要另外考，所以我跟许保春、刘茂楚、胡开华等人一起进了同济的规划专业。本来，按照学制，还要再学两年的，但当时因为第一个五年计划急需人才，安排我们这届提前一年毕业。最后一年，我们一口气上完了两年的课，还好前面的基础课我已经学过了，相对轻松。然后就毕业分配去了城市设计院。

李　　浩：对当时同济大学的一些课程，您还有印象吗？

张友良：我对同济最后一年的课印象相当深，规划设计教授是金经昌、钟耀华，助教是董鉴泓和邓述平；建筑设计课的教授是谭垣、冯纪中和李德华，助教是王季卿和黄毓麟；建筑构造课的教授是戴复东，助教是吴庐生；园林课的主要教授是陈从周，程世抚教授也给我们作过专题讲座。谭垣是留美的，中国话讲得不太流利。他很有个性，给学生改图时必须用美国维纳斯的6B，如果不是，就会被他扔掉。规划课相对类似德国，偏重道路交通。建筑设计则是美国的一套。毕业设计做的是上海郊区南翔镇的总体规划。当时对我影响比较大的还有教我们园林和建筑史的老师陈从周。他是张大千的徒弟，我跟他请教书法与绘画的基本技法，后来自己学，没想到在20世纪80年代去德国讲学时，能在德国6个城市开了6次个人的书画展览会。记得1953年毕业前，董鉴泓老师找我和戴正雄谈话，要我们两个人留在学校当助教，可是我们两个都想出去闯。当时金经昌透露给我们，50%留上海，50%去北京，我们听了马上说北京，去北京。

傅舒兰：同济大学的教育学习，似乎与苏联专家指导的规划工作模式不太一样。您大学毕业后参加西安规划时，有没有感到不适应？

张友良：没有。因为有一些事实是明显摆在那里的，大家都知道。比如莫斯科规划模式的放射式，拿到中国来行不通，中国现状已经是方格状布局了，不可能都拆了再建。他们的观念和我们是不一样的。又比如苏联的小街坊规划，小街坊三四公顷，大一点的七八公顷，扩大的街坊有二十几公顷，基本是"双周边"的，开始，小街坊只能"单周边"，后来，大型的"双周边"，我在北京的家就在百万庄小区双周边的西北角，中国人不太习惯，表面上好像是四合院，实际上跟北京四合院完全不是一回事。

现在想想，反而是德国的那一套比较适合我们。特别是德国的整个城市规划理念，我非常欣赏，全德国40多万平方公里，现在8000多万人口，人口比较密集，可是大城市很少，一般的城市人口10万左右。像法兰克福，欧洲的经济中心、交通中心，也不过50万人口，前首都波恩30万人口，超过100万人口的只有柏林、汉堡、慕尼黑，其他都很小。很多问题就自然解决了，生态解决了，交通解决了，他们的农村和城镇可以说完全没有区别，每个城市都离得很近，都有污水处理厂，市政公用设施齐全。雨水也收集起来，非常生态，非常绿色。在德国住的时间长了，了解到群众参与也很强，我作为外面的人，他们还让我去参加他们的近郊区一条有轨电车线路的选线规划讨论，这一点是中国应该向他们学习的。

十二、在杭州大学任教的工作经历

李　浩：改革开放以后，您又是怎么调到杭州大学当老师了呢？

图 3-19　与杭州大学规划系 1979 级学生毕业前的合影（1983 年 6 月）

注：摄于杭州大学图书馆前（现浙江大学西溪校区）。

前排：吴彦（左 1）、叶小青（左 2）、姚海军（左 3）、邵乐（左 4）、徐伟金（左 5）、唐军苗（右 5）、李安刚（右 4）、任清尧（右 3）、李王鸣（右 2）、朱允良（右 1）；

第二排：黄瑚（左 1）、浦东明（左 2）、陆宇星（左 3）、徐黎宏（左 4）、张友良（左 5）、陈桂秋（左 6）、陆海洲（右 6）、马宏平（右 5）、邵坚宏（右 4）、朱善海（右 3）、俞彩萍（右 2）、胡智清（右 1）；

第三排：翁海鸣（左 1）、朱因加（左 2）、虞安生（左 3）、王益澄（左 4）、汤海孺（左 5）、龙艺（左 6）、卢若钢（右 6）、董凤（右 5）、涂晓弦（右 4）、黄晓帆（右 3）、顾江平（右 2）、江小军（右 1）。

照片中共 34 人，其中学生 33 名（进校时共 35 人，王崇民、华元春不在照片中）。

照片中的人员由张友良先生初步识别，后经汤海孺先生补充修订。

资料来源：张友良提供。

张友良：调到杭州大学工作，主要是因为董鉴泓先生的推荐。当时有些大学的地理系开设了城市规划相关的专业，北京大学是第一个，南京大学是第二个，中山大学是第三个，杭州大学紧跟着，是第四个。其中一个原因是杭大地理系本来是以培养中学地理教师为主的，但高考不考地理，地理教师没有人当了，地理系就得考虑转向，一看北大、南大都办规划系，杭大马上报到部里要求开办。

另外一个原因是，全国以前搞规划的都是工程技术专业的，同济、天大、重建工、哈建工的这些人，但城市规划光搞城市已经不够了，必须从区域范围考虑，所以部里同意杭大开办规划系，但要求包括宏观方面的教学。第一期的培训班是请同济的老师来上课，上海、杭州来回跑，他们吃不消。于是，杭大的领导和董老师商量，看能不能介绍两个人。

当时由于部里已经把我们一批人从"五七干校"安排到河南，所以杭州大学直接跟我所在当地的设计部门联系。当地部门认为，我们这些人编制不在他们那，工资都是部里发下去的，早晚要跑的，就同意了。当时我们 10 个人中已经有 8 个人回北京，或者去郑州，都跑了，我们是最后两个，我想杭州还不错，就来了。

从 1977 年调到杭州大学，到这里已经 40 多年了（图 3-19）。

调到杭州大学工作了以后，马上开始安排我授课。原来地理系里搞城市地理的教城市学，搞交通地理的教道路交通，搞农业地理的教郊区规划，搞植物地理的教园林绿化，剩下的课要求我来承担。结果到了杭大以后，我一共教过 12 门课——建筑初步、画法几何、阴影透视、建筑材料、建筑设计、园林设计、规划原理与设计和毕业设计等，后来新教师进来以后，我的负担才减轻一点。

本来我觉得没什么，因为一天 8 个小时工作，给我一个礼拜八节课，每天两三个小时。但后来发现老的杭大教师一个礼拜就两节课，他们说，不是这样计算的，一个小时的课要用 6 个小时备课，八节课 48 个小时，差不多就是一周工作 6 天了。

后来我们把教育、生产、科研相结合，成立了规划院，也开始承担设计业务。全浙江省三大市——杭、宁、温，七个地区、七十多个县，我每一个地方都去过。不管作为专家参加评审，还是自己做规划，每到一处都有不少收获。

比方说，每做一个规划，有些同志回来讲当地的领导不协作，有很多想法跟他们不一样。规划必须为大家服务，要为地方政府服务，规划要考虑群众的利益，而且必须考虑到若干年以后的发展与变化。

我认为，有些问题是客观存在的，可能与规划今后的发展有矛盾，你要先考虑自己的工作做好了没有，你把它的前因后果，历史上和文化上需要保护的东西考虑了没有，搞个新的东西要考虑经济实力，以及周围群众情况，如果什么问题都考虑过了，对他们想的问题能够解释和回答，人家会接受的。

到杭州后，我第一个做的是绍兴规划，第二个做了兰溪规划，第三个做了常山规划，都碰到了很多具体问题，我想了各种方案解决问题，最后拿出的方案地方领导非常支持，拆迁动员工作都由他们去做了，所以我感觉工作没有难不难的问题，越是难的工作越有意思，难题解决了，自己感到有收获，地方上也感到很满意。

绍兴的规划，我是 1977 年去杭州的，1978 年做绍兴规划。绍兴规划是浙江省最早起步的一个，我指挥了一个大兵团，五十几个人，杭大毕业班同学二十几个，省厅组织了全省十个地区，每个地区派一个人来参加，绍兴本地也有十几个人，五十几个人分了很多组，如工业组、道路交通组、园林绿化组、生活居住组、市政工程组、人口数据组等，大家工作在一起，吃住在一起。工作做得很细。最后开评审会的时候，部里都很重视，周干峙、侯仁之、郑孝燮、任震英、农大的孙筱祥等很多专家都来了（图 3-20）。评审通过以后，绍兴设市了，绍兴市政府和县政府聘请我作为他们的规划顾问。

做常山规划时发现一个问题，市中心有一个小山包，上面有一个宝塔很漂亮，那里偏偏是当地的重点中学，我看了以后说这个宝塔是文物，是公共资源，研究了半天，而且这个学校要发展没有地了，周围被住宅包围了，考虑学校可以搬到郊区，

图 3-20　绍兴市总体规划评议会全体合影（1979 年）
注：前排：任震英（左9）、周干峙（左5）、胡序渭（左4）、郑孝燮（右8）、陈占祥（右7）、余森文（右6）；
第三排：张友良（左6）、葛起明（右3）；
第四排：翁可隐（右5）、陈声海（右6）。
资料来源：张友良提供。

地方也大，这里可开辟作为一片绿地，学校也有发展余地了，这个地方作为文物
保护公园多好。这个问题讨论了半天，市政府接受了，他们要我去跟校长做工作，
要我代表市政府跟校长讲，我的身份比较中立，也不带行政命令色彩，客观地把
规划的优点和缺点讲一讲，结果校长就同意搬了。有时候，越难越可以发挥能力，
规划工作不是私人的作品，而是公众的，协作、调整是各个系统的要求，规划师
的身份是协调，各方面都安排好了，大家能接受了，这个规划就成功了。

这个非常有趣，非常有意义，现在不管什么地方的工作，难度越大，我越来劲，
天下无难事，只要肯攀登，什么难的我都不怕，可以从中找到乐趣是很重要
的。规划暂停三年也好，撤销单位也好，不管怎么样，规划这个行业始终存在，
是客观需要的。其后，我们团队又承担并完成了大量的城镇规划（图 3-21、
图 3-22）、风景区园林规划、历史文物街区保护规划、城市小区规划、旅游规

图 3-21 张友良参与柯岩总体规划评审会（1991 年 6 月）
资料来源：张友良提供。

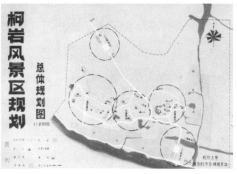

图 3-22 柯岩镇规划图纸（1991 年）
资料来源：张友良提供。

划，以及部分建筑单体设计。

李　浩：在杭州大学期间，您除了教学和参与地方规划，还做了其他方面的工作吗？

张友良：对外交流（图 3-23），改革开放后最早派人过来的是德国，来访的是维尔茨堡
　　　　大学（Wurzburg）地理系的规划专业师生访问团，维尔大学与杭州大学是"姊
　　　　妹学校"，有合作关系。

　　　　德国访问团来了以后，一起接待，开座谈会，进行学术交流，参观有关部门以

图 3-23　在德国举办画展时与维尔茨堡市副市长合影（1990 年）

注：张友良（左）。

资料来源：张友良提供。

及历史传统建筑和杭州风景名胜，接待任务完成后，过了半年，维尔茨堡大学给杭州大学发来邀请函，指名要我去以客座教授身份进行学术交流，并承担部分规划课程。前后 4 次，时间跨度 6 年。

傅舒兰：您是哪一年去的？

张友良：从 1988 年第一次开始，前后去了很多次。主要是在维尔茨堡大学，在巴伐利亚州的最北部，纽伦堡和法兰克福的中间。维尔茨堡虽然只有 13 万人口，但正好是浪漫之路、城堡之路这两条旅游之路的交叉点。中国的朱镕基、李鹏两届总理都到访过这个城市，地位相当高。13 万人口的城市中，光是大学生就有差不多 4 万多人，还出过几位诺贝尔奖奖金的获得者。除了维尔茨堡大学外，其他大学也有来邀请去作专题讲座，如凯撒斯劳滕大学（Kaiserslautern）、班贝克大学（Bamberg）、萨尔布吕肯大学（Searbrucken）等。还到汉堡和他们的总规划师讨论过一些问题，并利用这个机会参观了污水处理厂、高铁局、高速公路局、自来水厂、垃圾处理厂等，收集了好多资料，也拍了很多幻灯片，以备回来上课时用。

最近一次是 2012 年，维尔茨堡市园林局邀请我去承担一个当地第二届国际园林博览会中国园的规划方案设计，经过现场踏勘、调查研究、讨论、修改，共40 天时间完成方案规划（图 3-24），并通过园林局邀请的专家评审后回到杭州。还承担过浙江省建设厅的城市规划专家组、历史文化名城保护专家组和大运河保护规划专家组的成员，参加了几十次专业项目评审会，那个时候，有一个全省的风景区评选专家组（图 3-25），1979 年我跟着文物专家一起到处考察风景区，学了很多相关方面的知识，这才接触到了风景和名城保护领域（图 3-26）。另外，我还参加了国家旅游科学专家学会（总部在瑞士），曾成功组织了在杭州市举办的第 50 届国际旅游科学年会。

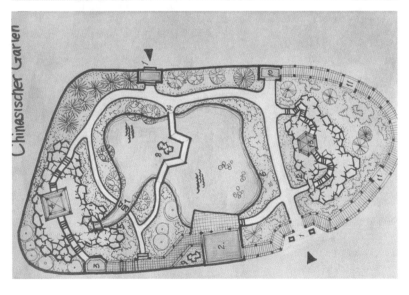

图 3-24 德国维尔茨
堡市国际园林博览会
中国园"薇园"设计
方案图纸（1988 年）
资料来源：张友良提供。

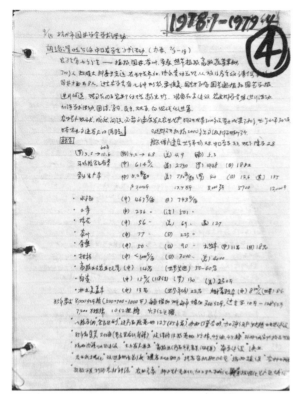

图 3-25 张友良日记中关于杭州园林学会学术活动记录（1978 年）
资料来源：张友良提供。

图 3-26 张友良先生参加雁荡山风景名胜区规划评审会（1990 年）
资料来源：张友良提供。

图 3-27 杭州市城市规划界同仁于西子宾馆聚会合影（2000 年元旦）
注：前排：刘从儒（左 3）、李丽娟（左 4）、王有智（右 5）、梁敏华（右 3）、洪亚华（右 2）、史玉仙（右 1）；
后排：龚正明、朱国海、包海涵、张敦寿、徐通、杨嘉镕、孙栋家、何文起、吴兆申、张友良。
资料来源：张友良提供。

十三、"城市规划历史与理论"学科建设问题

李　浩：张先生，您长期在高等院校从事城市规划教育工作，现在"城乡规划学"升格
　　　　为一级学科了（2011 年国务院批准），从学科建设的角度，您对规划教育有什
　　　　么期望？另外，"城乡规划学"一级学科下面，是否应该有一个叫"城市规划
　　　　历史与理论"的二级学科？

张友良：规划本身是多学科综合的，教规划必须上知天文，下知地理，既要有历史文化
　　　　和艺术的素养，又要有工程技术的功底，还要有植物学、生态学和社会学各方面
　　　　的修养，可是人的精力有限，不可能是万能的，一专多长，有一方面是专的，其
　　　　他方面也都要懂，学科带头人很重要，每个学校都必须考虑这个问题（图 3-27）。
　　　　规划教育本身除了师资的要求外，操作上，除了理论教学，还必须要有实习的

图 3-28 张友良先生收藏的部分日记
资料来源：张友良提供。

对象，教育理论和生产实践相结合，实际操作，让学生自己动手，不要老师包办代替，让他们有提高的机会。实际操作中，也曾出现过偏差，如老师接任务拿钱，给同学分钱，这种现象不能说完全不对，学生没有经济来源，适当的补贴可以考虑，教育与生产实践相结合，教育不等同于产业，教师是育人的，不是"老板"，不要什么东西都是唯利是图，那就大错特错了。

关于规划历史与理论，要把历史与理论分开来认识。规划历史的客观事实摆在那儿，你要找到资料，整理好，编写出来。写历史的人本身自己有观点，你写你的观点，我写我的观点，可能不完全一样，大家自会有取舍。可是规划理论讲起来就不简单了，要考虑世界各国的情况，考虑中国的历史跟未来发展的情况，未来的情况很多都琢磨不了，相对更加困难。

目前，中国的城市规划理论没有系统、科学地建立起来，必须要引起重视（图3-28～图3-30）。

李　浩：谢谢您的指导！

（本次谈话结束）

图 3-29 访谈工作现场留影（2017 年 10 月 10 日）
注：杭州市西湖区天目山路 150 号张友良先生家中。

图 3-30 拜访张友良先生留影
注：2017 年 10 月 10 日，杭州市西湖区天目山路 150 号，张友良先生家中。

2018 年 8 月 9 日谈话

访谈时间：2018 年 8 月 9 日上午

访谈地点：杭州市西湖区天目山路 150 号，张友良先生家中

谈话背景：张友良先生于 2017 年 10 月 10 日谈话后，又找出一些 1950 年代的日记。访
　　　　　问者于 2018 年 6 月 18 日赴杭州拜访张友良先生，将张先生找出的几本日记
　　　　　借出，复制并加以阅读和初步整理。访问者在阅读张友良先生几本日记的过
　　　　　程中，愈发感到其珍贵性、稀缺性及重要学术价值，遂于 8 月初再次赴杭拜
　　　　　访张友良先生，张先生应邀与访问者进行了本次谈话，内容主要是访问者向
　　　　　张先生汇报阅读日记的心得体会，张先生就有关问题进行答疑。

整理时间：2018 年 10—11 月，于 11 月 20 日完成初稿

审定情况：经张友良先生审阅修改，于 2018 年 12 月 29 日定稿并授权发表

李　浩：张先生您好，上次（2018 年 6 月 18 日）晚辈来拜访您时，曾向您借了几本日
　　　　记加以复制，后来我仔细阅读，非常激动，您的日记太宝贵了，特别是对于规
　　　　划史研究而言。这次过来拜访您，主要就是向您汇报一下我的一些心得体会，
　　　　另外还有些疑问向您请教。

张友良：好的。

一、日记写作的缘起

张友良：你已经看过我写的一些日记。除了日记以外，我还保存了好多本以前做的工

图 3-31　拜访张友良先生留影
（2018 年 8 月 9 日）
注：摄于张友良先生的书房。照片中书架右上角一格保存着张友良先生的日记，中排左侧为中国城市规划设计院 60 周年院庆丛书，以及访问者所呈送《八大重点城市规划》一书及《城·事·人》访谈录（第 1 ~ 5 辑）。

作笔记，有些也已经给你看过了，比如波兰专家萨伦巴的"城市规划讲课"。关于五年计划、小区规划、全国城市人口统计，城市总体规划、交通规划、城市用地工程准备，以及英国、法国和日本的规划等，都有不少笔记，它们是我以前在各个地方听课的记录。后来我在学校讲课时，不少笔记还有些用处（图3-31 ~ 图 3-33）。

在 1957 年的日记中，记录了我们和水利部副部长李葆华一起去参加三门峡水库开工典礼一事，我发现，他作为一位年纪那么大的党政领导，上上下下地跑，地上的石头，一看就知道是什么岩石，我佩服得不得了。后来回北京以后，我对地质学也产生了很大的兴趣，到地质博物馆去过好多次，记了很多笔记，包括喀斯特地质、地貌，矿石的成因，矿石的结构，第三纪和第四纪冰川等，我全记下来了。还有同济大学罗小未老师的讲课，她曾经在石家庄连续讲过三四次课，我听课的时候都做了记录。以前我记录的这些东西，可能已经没有任何用处了，过时了。

李　浩：哪里，有很大价值。一般人或许认识不到这个价值，但我是搞历史研究的，能强烈感到您的日记是极为珍贵的史料。

张友良：除了就读过的同济大学之外，我跟清华大学一些老师的缘分也比较深。从 1953 年参加工作开始，我们就曾多次到梁思成先生家里去，后来与吴良镛先生也很熟，我们叫梁思成先生"梁公"，叫吴良镛先生"小吴公"。与朱畅中先生等也比较熟，都是因为工作需要。我跟他们接触，也获益匪浅。跟他们一起跑跑，可以学到好多东西，不光是知识，知识反而很容易就能找到，但是，他们的一些品德和毅力，只有亲身接触才能体会到，我非常钦佩。

对于城市规划方面的一些史料和档案，平常还很少有人重视。

图 3-32　水乡驿道——张友良先生速写（1979 年 5 月）
资料来源：张友良提供。

李　浩：这几年我去过不少档案馆，大部分人查档是为了解决法律纠纷，比如房地产
　　　　问题，或者要退休了，去查找一些证明材料。另外也有一些做研究的，但大多
　　　　数是历史学专业的，城市规划专业的人很少去档案馆查档。有些城市规划方面
　　　　的档案，据管理人员说，从来没有人去查阅过。

张友良：很不容易。我的某些日记最近还没有找到，比如我陪几个搞规划的日本教授（东
　　　　京大学尾岛俊雄教授等）参观交流，写过一些日记。还有台湾都市计划委员会的
　　　　伍宗文教授，德国的 Böhn 教授、Morper 博士，捷克的一些教授，我跟他们都有
　　　　过一些交流。在 1990 年代前后，我曾在国外访问交流较长一段时间。学校（浙
　　　　江大学）也经常派我跟他们联系，做这方面的工作，我感觉可以学到很多新的东西，
　　　　我可以向他们提问题，都挺有帮助的。美国芝加哥大学的 William D. Markle 教授
　　　　现在在浙江科技学院教书，他主要是搞经济的，也喜欢规划，以前做过规划工作，
　　　　他带了 4 个规划方面的研究生，但自己终究不是规划专业的，就让我给他们上课。

李　浩：张先生，当年您怎么会想到要记日记呢？

张友良：我之所以那么记下来，是因为我母亲讲的"坏记性、勤笔头"，我记性不好，
　　　　会忘了，所以尽可能多地记下来。有些地方记得太潦草，我又再重新誊一遍的
　　　　都有。

李　浩：您的父母写日记吗？您写日记的习惯是不是受到了家庭的影响？

张友良：我父母不写日记。主要就是我的记性不好。年轻的时候，我接触的工作也多，

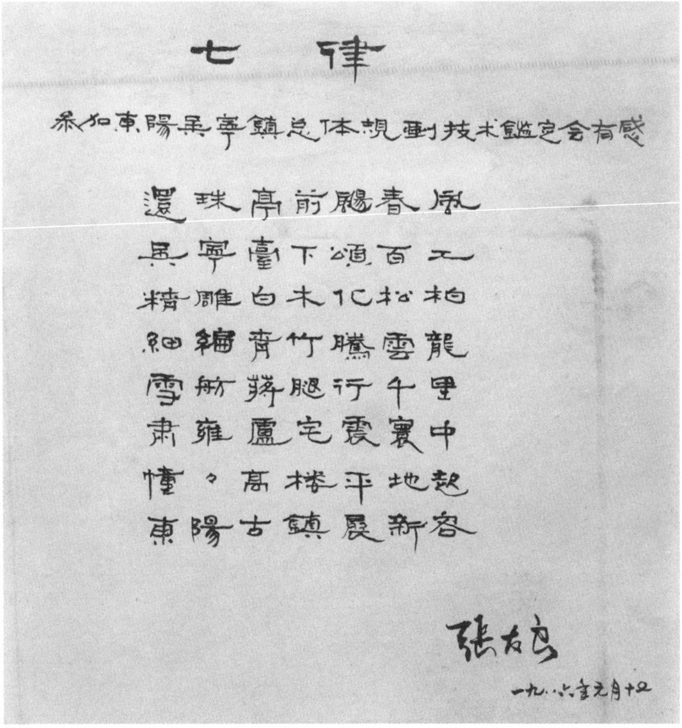
七律

参加東陽吴寧镇总体規劃技术鑑定会有感

還珠亭前颺春風
吴寧臺下頌百工
精雕白木化松柏
細編青竹騰雲龍
雪舫蔣腿行千里
肃雍廬宅震寰中
幢幢高楼平地起
東陽古鎮展新容

張友良

一九八六年元月十七

图 3–33 《七律·参加东阳吴宁镇总体规划技术鉴定会有感》（张友良先生诗作手稿，1986 年 1 月 17 日）
资料来源：张友良提供。

有的也挺重要的，有的工作还要向领导汇报，怕混淆起来或者说不清楚，所以就及时记录下来，需要的时候可以查看一下。

现在年纪大了，记忆力更差了，把什么都忘记了，特别是拍的照片，某张照片在哪里拍的，经常记不起来，很多地方也都是差不多的风景，可是如果照片下面显示有时间，一看时间就有线索了——哦，这张是在苏州照的。记日记也是一样，有好多好处。

活到今天，我多少有点感受。我不像有些同志，一退休啥事儿不干。我感觉到，虽然我已经退休多年了，好像还没有脱离这个社会。

李　浩：做点事情，对养生也是有好处的。

张友良：这一点我是有实在感觉的。前段时间我病了一场，在一堆发票中还发现有一张我的病危通知书，这个通知书把我吓了一跳。

今年（2018 年）1 月 20 日那天晚上，我有点咳嗽，憋得够呛，后来实在难受，就打急救电话，我躺在急救车上去了医院。医生本来想给我动手术，上呼吸机什么的，让我儿子签字。结果我儿子没有同意，选择了用药物保守治疗。幸亏他这样选择，否则如果给我做了手术，我后来的情况就没法估计了。

以前我喜欢运动，体质还算可以，但上次急救，发现我已经有冠心病，不敢随便运动了。经过前段时间的治疗，我的状况已经好转，心脏房颤稳定下来了，以后小心点就是了。我现在什么都看穿了，人到这个年岁，什么都想开了就好了，

图 3-34　城市设计院部分职工在阜外大街院办公楼后院合影（1961 年）

注：前排：冯友棣（左2）、徐国伟（右4）；

第二排：张祖刚（左1）、张作琴（左2）、李蕴华（左5）、万列风（左6）、姚鸿达（左7）；

第三排：张惕平（左2）、廖可琴（左3）、王有智（左5）、陆渊言（右6）、赵垂齐（右3）；

第四排：陈儒俊（左3）、陶冬顺（左4）、张友良（左5）、刘德涵（左6）、郭维舜（右4）。

资料来源：张友良提供。

　　　　　不要有什么思想负担。

　　　　　有你这个朋友我非常高兴，你对我千万别太客气。一直到今天，中规院的一些"老

　　　　　人"（图3-34）我还是很熟悉的。万列风还健在吧？

李　浩：健在呢，万列风先生已经超过94周岁了。我给您看看我手机中保存的他最近

　　　　　的照片，这是"七一"的时候，中规院党委书记邵益生先生去看望万列风先生，

　　　　　给他佩戴党章（图3-35），照片是院离退休办的王庆主任转发给我的。

张友良：万列风先生可以说是我最熟悉的人，我刚到建工部城建局工作的时候，他就是

　　　　　我们的科长，一个科里也就十来个人，我们天天坐在一起。他和爱人郭亮有个女

　　　　　儿叫万建一①，他这个人是真的很好，我看他文绉绉的样子，说起话来都是软绵

　　　　　绵的，办事很稳当。我问过他：你打过仗没有？他说：谁说我没有打过仗？当

　　　　　年"土改"的时候，我把恶霸拉出来，啪啪两枪就打死了。我简直都有点不相信。

李　浩：万先生的记忆力还挺好，好多事情他都还能记起来，只是听力不太好了，交谈

　　　　　起来比较困难。

张友良：年纪大了都是这样，我的听力也不太好了。你年轻的时候也要注意锻炼，保护

　　　　　自己的身体。

————————————

① 万建一，女，曾任住房和城乡建设部离退休干部局副局长，现已退休。

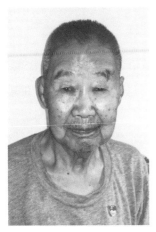

图 3-35　万列风先生近照
（2018 年 7 月 1 日）
资料来源：王庆提供。

图 3-36　陈占祥先生和周干峙先生的雕像（摄于 2018 年 11 月 20 日）
注：北京市海淀区车公庄西路 10 号，中国城市规划设计研究院主楼一层陈列厅。

图 3-37　老友重逢：与王瑞珠院士在中国城市规划设计研究院 60 周年院庆时的合影（摄于 2014 年 10 月 18 日）
注：会场在北京市海淀区车公庄西路 10 号，中国城市规划设计研究院主楼二层报告厅。1960 年代后期，张友良先生和王瑞珠先生都曾在中国建筑科学研究院情报所工作（张先生在展览馆，王先生在一室）。
资料来源：张友良提供。

李　　浩：您说的太对了，晚辈就是身体不太好，因为整天看档案、写东西，户外活动太少，前段时间也病了一场。今后一定加强锻炼。

张友良：最近我又翻看 1956 年的日记，那一年我和周干峙他们在上海国际饭店住了很长一段时间。周干峙在北京的时候还要我给他带东西，他在上海的家和苏州的家我都去过，可是现在只能看他的雕像了，中规院放着他和陈占祥的雕像（图 3-36）。陈占祥跟华揽洪不太一样，陈占祥对很多事情要热心得多，后来我们很少联系了。中规院的王瑞珠院士，我们以前曾经同事过，也比较熟悉（图 3-37）。

我记的日记，去年讲的那些东西（2017 年 10 月 10 日的谈话），对于年轻人估计没有什么用处，回顾点历史而已。

李　　浩：您的日记和谈话的历史价值都很高。接下来我想向您报告一下阅读您的几本日记的心得体会。

二、日记的重要价值

李　浩：第一，我觉得您的日记比较生动地记录了 1950 年代城市规划工作者的一些亲身经历，甚至可以说是唯一的，因为我近些年已经拜访过上百位的前辈，在其他前辈那儿还没有看到过像您这样的日记。

一是记录得比较清楚、翔实，文字很精炼，就像我们写小论文的摘要一样；二是能保存下来，并且完好无损，内容清晰，这太难得了，因为已经过去 60 多年了。其他前辈有的可能也记过日记，但是，有的记得很凌乱、很随意，有的记录内容很个人化，学术价值不高，大部分前辈的日记早已经丢掉了或者毁掉了，据说"文革"时期，很多前辈烧掉了很多材料。

所以，您的日记太珍贵了，您应该向您的孩子讲一下，把它们当作文物给妥善保存起来。

张友良：我会把你的意见转告他们。

李　浩：您儿子和儿媳妇的名字是？

张友良：我儿子叫张弛，紧张的张，松弛的弛，一张一弛。我儿媳妇叫侯成哲。

李　浩：去年来拜访您时，您说他们俩都是在杭州市城市规划设计研究院工作，具体是在哪个部门呢？

张友良：儿媳妇现在是院副总规划师，儿子在信息所，他对计算机工作较熟悉。

李　浩：您的日记我仔细看了几遍，第二点体会就是与官方档案的佐证价值。比如您的一本"大事纪要"性质的日记中记载：1953 年 11 月 4 日"巴拉金专家及波波夫（莫斯科建筑师）到，提意见"。这件事情我查到档案了，西安市档案馆保存有苏联专家巴拉金和波波夫这次谈话的档案，这次会议是在 11 月 4 日晚上召开的，会议的主持人是李廷弼局长。

张友良：当时李廷弼是西安市城市建设局局长，后来他担任过副市长。我的日记记得很琐碎。

李　浩：日记都是这样。会议参加人有建工部城建局局长孙敬文、国家计委城建局规划处处长蓝田等，先由周干峙先生汇报规划方案，后来巴拉金发表意见，波波夫发表意见。到第二天（1953 年 11 月 5 日），波波夫代表苏联专家组向西安地区选厂工作组报告关于西安市各工厂选址的结论性意见[①]。

张友良：你研究得很细。

李　浩：另外，2015 年 10 月，我去拜访魏士衡先生的时候，他曾回忆，1953 年下半年

---

① 参见：十一月五日下午三时专家组组长秋洛什尼柯夫同志指出「经过苏联专家们现场查看和反复研究后，提出西安各工厂布置的结论」[Z]. 中共西安市委档案. 西安市档案馆，1953.

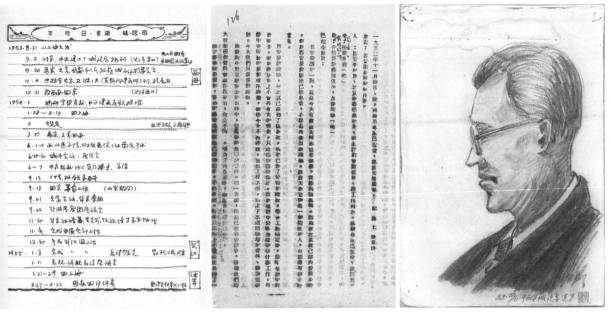

图 3-38　张友良日记中关于 1953 年 11 月 4 日座谈会的记录页（左图第 4 行）、该次座谈会谈话记录的档案正文首页（中，现藏西安市档案馆）及张先生在座谈会上为苏联专家巴拉金所画速写（右）

　　去西安出差的时间是 100 天左右，您的日记中有离京出差和离西安回京的具体时间，分别是 9 月 20 日和 12 月 21 日，再加上旅途时间，差不多就是 100 天。

张友良：魏士衡还健在吗？

李　浩：已经在 2016 年 9 月 26 日去世了。

张友良：太可惜了。

李　浩：还有，1956 年 4 月 28 日"上午巴拉金专家、王文克付 [副] 局长、徐钜洲到沪，住沧州饭店"。我曾在上海查到过巴拉金于 1956 年 5 月 2 日在上海城市规划工作座谈会上的谈话记录，您的日记就对应起来了。

　　不仅如此，在官方档案中查不到 5 月 2 日这次座谈会的背景信息，而您的日记则提供了很多宝贵的线索。您的日记中还记载："小周 [周干峙] 要陪去杭州，专家至杭 [州]、宁 [南京]、济 [南] 等地后，将于 5 月底回莫斯科。"我在中央档案馆查档时曾查到，巴拉金在回苏联之前曾与城市建设部部长万里专门有过一次谈话，时间是 5 月 30 日[①]，第二天巴拉金就回国了，他在中国一共 3 年时间。

张友良：我记得还给巴拉金画过速写，我再找找，看能否找到。

　　（本次谈话后，张友良先生又整理了资料，后来找到了 1953 年 11 月 4 日在西安开会时给巴拉金画的速写肖像画，并于 2018 年 8 月 16 日拍照，以微信方式发给了访问者，见图 3-38）

李　浩：好的张先生，谢谢您。

　　我的第三点体会是，您的日记提供了很多有价值的信息。比如 1956 年 10 月 5

---

① 参见：苏联顾问巴拉金回国前的几点建议 [Z]. 城市建设档案 . 中央档案馆，1956：167–176. 案卷号：259-3-4：24.

日"苏联建筑师代表团来[城市设计]院访问"、10月19日"朝鲜建筑师代表团来院访问"、10月24日"保[加利亚]城建与建筑研究所长托涅夫来院访问",这些信息我在查档案时还没看到过,对相关研究有很大帮助。在《八大重点城市规划》这本书中,我曾经引用过您提供给中规院离退休办的一张照片——"图12-21 与保加利亚城市规划代表团合影"(图3-1),但具体日期并不清楚,看了您的这本日记就明白了,这张照片很可能就是1956年10月24日这天照的。

张友良:没错,就是托涅夫到城市设计院访问这天拍摄的。当时我参与了保加利亚代表团的接待工作,与托涅夫专家接触也算比较多,他临走的时候还送给我一个小本子,里面是整个保加利亚比较有名的一些建筑。那本书虽然不大,但我觉得是很珍贵的。后来,周干峙跟瞿雪贞结婚的时候,我把这本书作为礼物送给他了。这些事情我记得都很清楚,历历在目。

李　浩:晚辈的第四点体会是,您的日记还有很多学术价值。比如1957年4—5月您曾参加"反四过"的检查和调研,您作为当事人的日记极其珍贵,能够参加这样级别的重要活动的人少之又少。除此之外,1956年3月28日的"四过"座谈会,我觉得也非常重要,大家对"反四过"运动的认识,一般是以1957年5月24日《人民日报》头版头条刊发题为《城市建设必须符合节约原则》的社论为标志,您的日记表明,早在这次社论之前几个月,"四过"问题已经引起城市设计院的高度重视了,大家对这方面问题的讨论还是比较客观的。

张友良:尽管现在回忆起来,大部分人都说"反四过"有点过了,其实并没有那么多问题,"反四过"有点冤枉城市规划了,可是我感觉到,鹿渠清院长和史克宁副院长等几个领导都很清楚,"反四过"也是当时的一些形势所迫,他们不能不执行,他们的一些分析和措施还是有他们的道理。

李　浩:您的日记中有这么一句话:"反对保守思想,克服自满情绪。"我觉得这是对待"反四过"运动的一个比较客观和辩证的正确态度。

张友良:这句话是我自己写的,个人体会(图3-39)。

李　浩:这些内容非常重要,这就体现了您的日记的重要学术价值。

　　　　我还注意到,"四过"问题的解决办法之一,就是先做好区域规划,再做城市规划,先把宏观的问题研究到位。

张友良:那时候还是有比较突出的宏观观念。

李　浩:1957年1月16日,"晚帮齐康考虑侯马铁东小区"。这一条记录也挺有趣,我拜访齐康先生时,他也曾谈到早年在城市设计院进修,以及做小区规划一事。

张友良:对,他曾在城市设计院实习,跟我们住在同一个楼。

李　浩:您画的咸阳小区也挺清楚的,草图不草(图3-40)。

张友良:这就是我负责的咸阳小区,当时出了很多方案,进行方案比较。当时做的小区

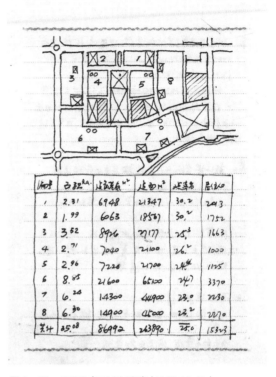

图 3-39 张友良先生日记原稿（1956 年 3 月 28 日"四过"座谈会记录的其中一页）
资料来源：张友良提供。

图 3-40 1956 年日记手稿（2 月 18 日）

规划，在国内算是比较早的，整个小区的规模也比较大，而且比较成功。当时，也经过好多次的反复推敲，多方面考虑，层层审核。规划通过以后，我还没有回北京的时候，被西安给扣住了，留在陕西省规划院，帮他们作了好几次报告，介绍小区规划的经验。

三、关于 1956 年规划展览模型的制作

李　浩：在 1956 年的日记中，有很大的篇幅是记录在上海和安徽等地出差，联系和落实规划展览所需要的模型制作问题，包括任务和工期、费用的问题、技术的要求，具体怎么表达、灯怎么亮。有些情况还要专门打电话向北京（中央城市设计院）方面汇报和请示等。

张友良：对，这些方面记录得比较多。

李　浩：关于规划展览，大家比较了解的是在 1959 年前后，为了庆祝国庆 10 周年搞过规划展览，我看了您的日记才知道，早在 1956 年就搞过规划展览，您的日记中，在 1956 年有 3 个月左右的时间都在做这件事情，而且动用了那么多技术力量，

从北京到上海、安徽等地开展工作，下了那么大力气。可否请您讲一讲当时为什么要搞规划展览？

张友良：那时候，中央有三四十个部委要跟中央领导汇报工作（参见附录三"1956年大事记"），领导们不可能对每个部委的工作都了解得那么详细，就要求每个部门做一些模型和图片，非常简要、大家都能看得懂的，而且要有实质内容。我们把1956年的这次展览叫"一展"。

李　浩：国家最高领导连续多次听取各个部委的工作汇报，在历史上还比较少见，1956年是一个比较特殊的年份。

张友良：第一次展览，在城市规划方面是国家城建总局安排由城市设计院负责落实，具体是万列风和刘学海牵头。大家先是列出个计划，上报给领导研究确定，当时，计划拿西安规划等作为典型案例来介绍。怎么做模型呢？那时候没有互联网，大家到处托人问。后来了解到，北京有一个"治淮"的展览，他们的模型是在上海和安徽制作的。于是，院里（城市设计院）马上就派刘学海和我去上海具体联络。到上海后，我们去找过文化广场等单位，后来又去过安徽的模型工厂。上海的文化广场在解放前是跑狗场①，他们的美术公司是专门做电动模型的，但我们要做的规划模型存在保密的问题，怎么办？找上海市的有关部门一了解，模型制作工厂的工人很多都是刑满释放分子，保密的问题不好解决。但是，除了他们以外，没有其他地方可以做模型。同时，时间也非常紧张。后来，上海市工业局帮我们出主意：你越是强调保密，人家就越是有好奇心，如果你干脆什么话都不讲，就当作是普通的事情来做，就没什么问题了。后来我们就按这个办法做——"外松内紧"。

我和刘学海到安徽合肥时，两个人上饭馆吃饭，我记得他点了一个"贵妃鸡"，我印象特别深，真好吃，一整只鸡，加点番茄酱炒的，那么好吃的东西才两毛多钱，那时候的鸡真是便宜。我曾经问我儿子和我爱人：当年我们住在中国最好的饭馆——国际饭店，全亚洲最高的建筑，你知道住一晚上要多少钱吗？看我当年的日记，记录的是一块三毛（1.3元）钱。

等我们给北京方面打电话，把这个方案确定下来以后，跟刘学海我们两个人本来打算坐火车回北京的，但是却买不到火车票。为了赶时间，后来想到坐飞机。可是，我这个级别还不能坐飞机。后来，刘学海就坐飞机回北京了，我一个人继续留在上海。

李　浩：我注意到这个细节了，刘学海先生是1956年4月5日坐飞机回北京的。后来

---

① 老上海人都知道，跑狗场是有钱人常去的一个娱乐性的赌博场所，在永嘉路与陕西路交叉口一带。——张友良先生注

万列风先生从北京去上海也是坐的飞机，时间是 1956 年 4 月 9 日，同样是因为买不到火车票。您的日记中记载，从上海到北京的飞机票是 128 元 6 角 4 分，而上海很高档的国际饭店每天的房费是 1.3 元，当时的飞机票是很贵的。

张友良：是这样的，当时坐飞机的情况很少。

李　浩：最近我拜访刘学海先生时，向他汇报过您的日记中记载的这件事，他还有印象，当时刘学海先生对我这样说："当时我是蹭上那个飞机了，回来以后报销时，（城市建设部）办公厅主任还把我批评了一通，说'下不为例'。但是，自从我给他讲了道理以后，我跟这位办公厅主任就很熟悉了。"

张友良：万列风主任从北京来上海后，没过几天，周干峙和张孝纪等也来上海了，同时来的还有国家城建总局保卫科科长刘正，大家都住在国际饭店。在解放前，国际饭店是全国最高的建筑。

大家在国际饭店做什么工作呢？周干峙他们从北京带来了一些很大的地形图和规划图，每张图大概有半个房间那么大，往地上一铺，买了一些"褪色灵"，把蓝图上所有与城市名称（如西安）等有关的涉密文字都褪掉。当时是很大的工作量，大家工作了好几天才完成。

当时，我们跟当地厂方的矛盾很多，我们每天都要亲自去厂里盯着，发现问题随时解决。有时，他们把一些步骤搞错了，让他们改，他们的牢骚很多，包括影响了他们的工效等。他们也经常对我们说，我们就不能指挥他们，可是不指挥他们不行啊，为什么？把要展示的焦点搞错了怎么办呢？不是白做了么？所以矛盾也挺多的。

李　浩：我还注意到一些细节，比如说当时制作模型，到哪个地方都得要开介绍信。

张友良：是的，很麻烦。

李　浩：这一点，跟我现在去查档案是一样的，没有介绍信不让查。有时候光有介绍信还不行，还要有熟人帮忙。

张友良：那时候也是这样。在上海制作模型时，也有些东西是很难办的，大家也没有很深的人脉关系，还好我是上海人，我就靠我哥哥帮忙。我哥哥叫张友梅，日记中提到他了，他在上海市文化用品公司工作，我们有很多模型方面的材料问题是通过我哥哥帮助解决的。

李　浩：4 月 29 日日记记载："幻灯片规定尺寸后可自装，喷沙厂以后通知"，喷沙厂是什么意思？

张友良：有些模型的玻璃上面要刻字，有些地方要有灯光透进来，有的不要灯光透进来，需要把一块透明的玻璃作些处理。比方说"西安规划"这四个字，用牛皮纸写了字，剪下来以后贴上去，放到机器里面去，在压缩空气里用砂子喷，因为有牛皮纸在，可以保护"西安规划"这四个字范围之内的玻璃不受影响。喷了沙子以后，就把普通的透明玻璃变成了磨砂玻璃，这个叫喷砂工艺。这样处理以后，再打出来灯光，效果就完全不一样了，没有磨砂的字是透明的，光线很亮，磨砂过的那个地方就有点模模糊糊的。

李　浩：呃，这是工艺问题和专有名词了。

张友良：后来，我们几个人在模型工厂盯着他们做模型，做各种配合工作。做了两三个月，终于做完了，用火车把模型运回北京。再后来，部里（城市建设部）把模型送到国务院去了。再后面的情况我就不知道了。

李　浩：现在，全国各地的城市大部分都有规划展览馆了，包括县城在内。不少城市的规划展览馆做得也很漂亮，成了城市的名片，甚至旅游景点。杭州的规划展览馆也很不错，不知道您去过没有？

张友良：我去过好多次。

李　浩：杭州的规划展览馆做得很棒，很亲民，我是前两天刚去看过。那里有好多小朋友，青少年喜欢在那儿逛，有的初中生还在聊"CBD"（中央商务区）和容积率等比较专业的概念。对于向社会普及规划知识和传播规划观念，规划展览馆发挥了很大作用。但是，在 60 多年前搞规划展览，各方面条件还很艰苦，一定很不容易。

张友良：是的。当时我们以上海为中心来回跑，一个是时间问题，一个是价钱问题，来回跑，我们又想省点钱，又想做得好一点，做得快一点。技术上的困难倒是相对容易解决。

李　浩：可以这样讲：在很艰苦的条件下，进行了各方面的努力。

四、苏联专家对城市规划工作的技术援助

李　浩：因为我现在正在研究"苏联规划专家在中国（1949—1960 年）"，所以对日记中有关苏联专家讲话的内容也比较在意，我发现这方面的内容还挺多的，记录还非常具体，像 1956 年 11 月 17 日苏联专家组在杭州的讲话，建筑专家库维尔金是上午 8 点半开始讲，工程专家马霍夫是 9 点 40 分开始讲，电力专家扎巴罗夫斯基是 11 点 50 分开始讲；到了下午 2 点半，又开始分组向专家提问，专家解答问题……官方档案中通常都不会记录得这么具体和详细。

不仅如此，你们那一次随苏联专家到上海、苏州、无锡和杭州对各个城市的规划工作的指导，我在上海和杭州查档时还没有发现相关档案，也可能是当地规划人员没有及时整理，或者有些材料没有进入档案系统，您的日记就是唯一的、不可替代的史料了，显得更加珍贵。

张友良：苏联专家在杭州的讲话我是记得比较详细的，还画了图。

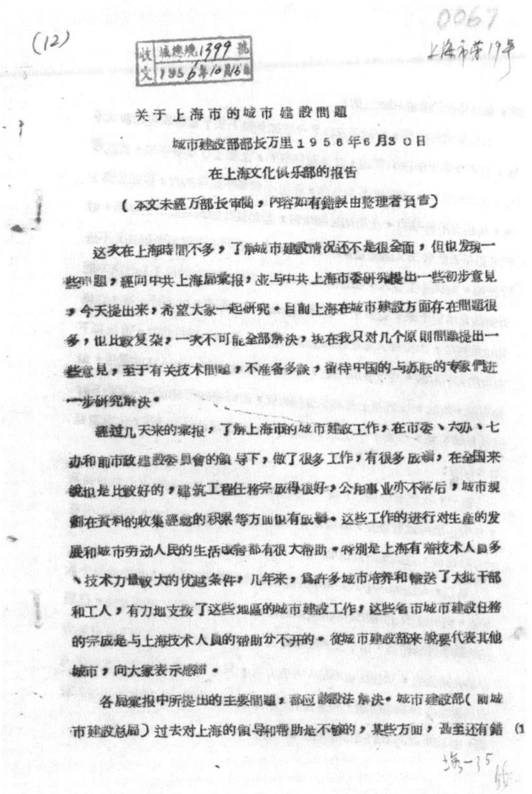

(12)

收文 城總幾1399號 1956年10月16日

0067

上海市第17号

关于上海市的城市建設問題

城市建設部部長万里1956年6月30日

在上海文化俱乐部的报告

（本文未經万部長审閱，內容如有錯誤由整理者負責）

这次在上海時間不多，了解城市建設情况还不是很全面，但也发現一些問題，經向中共上海局彙报，並与中共上海市委研究提出一些初步意見，今天提出来，希望大家一起研究。目前上海在城市建設方面存在問題很多，也比較复杂，一次不可能全部解决，現在我只对几个原則問題提出一些意見，至于有关技术問題，不准备多談，留待中国的与苏联的专家們进一步研究解决。

經过几天来的彙报，了解上海市的城市建設工作，在市委、六办、七办和前市政建設委員會的領导下，做了很多工作，有很多成績，在全国来說也是比較好的，建筑工程任務完成得很好，公用事业亦不落后，城市規劃在資料的收集經驗的积累等方面也有成績。这些工作的进行对生產的发展和城市劳动人民的生活改善都有很大帮助。特别是上海有着技术人員多、技术力量較大的优越条件，几年来，爲許多城市培养和輸送了大批干部和工人，有力地支援了这些地區的城市建設工作，这些省市城市建設任務的完成是与上海技术人員的帮助分不开的。從城市建設部来說要代表其他城市，向大家表示感謝。

各局彙报中所提出的主要問題，都应該設法解决。城市建設部（前城市建設总局）过去对上海的領导和帮助是不够的，某些方面，甚至还有錯 (1

图 3-41　城市建设部部长万里在上海讲话的记录稿（1956 年 6 月 30 日）

资料来源：上海市城市规划文件[Z]. 城市建设部档案，56. 中国城市规划设计研究院档案室，案卷号：0001.

李　浩：是的，您的日记中有不少规划草图或表格，本身就非常宝贵，并且有艺术价值。这一点，也是城市规划和建筑学专业人日记的一大特色。两天前（8 月 6 日）我去杭州市规划局拜访张勤局长时，曾向她展示过您的日记，她看到后也感觉很惊讶，说太珍贵了，您画的一些图表非常漂亮，这也反映出了老一代规划师的文化和修养。

张友良：在当时很仓促的情况下能画成这样，我自己看了后，也有点惊讶。

李　浩：现在一些高校中城市规划和建筑学专业的学生，很早就开始用电脑了，徒手画水平下滑得厉害。我看您画的一些图，线条和比例等都还比较到位。

张友良：我自己感到还有这个本事，挂在墙上的大图，我看着画下来，大的比例关系还能八九不离十。

李　浩：在您的日记中，还有一条很重要的记录，就是城市建设部部长万里到上海考察调研，时间是 1956 年 6 月 19 日。后来到 6 月 30 日，万部长在上海文化俱乐部作了题为“关于上海市的城市建设问题”的报告，中规院档案室保存有万部长这次讲话的记录稿（图 3-41）。

张友良：万部长到上海住在锦江饭店。

李　浩：对。万部长这次在上海调研的时间还挺长的，超过 10 天了。6 月 19 日他刚到上海时，就对你们的模型制作工作发表了一些意见，比如"历史讲解要说明'乱'的原因，和规划的必要性""晏家坪的福利问题（不够周到）"等。这些记录也挺珍贵的。

张友良：万里部长的讲话我也看了几遍。万部长他们来上海，就得有些指示，这些指示就能看得出他们的水平，我很佩服他们这些领导，他们可能并没有学过多少专业技术，可是对于一些比较大的政策，总是能抓住要害的。

李　浩：我有个疑问想向您请教一下。万里部长来上海是 6 月 19 日，而苏联专家巴拉金是 5 月底回苏联的，万部长来上海的时间比较微妙，也可以说，巴拉金刚走，万部长就来上海了。据说苏联专家穆欣、巴拉金等对上海的指导意见有些不一致，是不是有这方面的原因？可能巴拉金在的时候，万部长有些话还不太好说？

张友良：你说的对，是这样的。

应该说，前后来上海的几位苏联专家都很认真，大家把上海的情况向他们汇报，他们也发现了好多问题，苏联专家提的某些意见比较理想，比如开几条大道、弄个广场，上海的路网系统不像北京，北京比较规整，正南、正北。上海不行，上海讲往左、往右，没有人讲东南西北的，因为路都是斜的，没有办法。所以，很多东西要改，从交通上来讲，从城市发展来讲，是有好处的，可是，谈何容易？马路一改，所有的房子全部要拆，拆了房子后，新的马路都是 45 度过去的，边上的房子怎么改？底下的管道怎么摆？很多具体问题不好解决。城市越是大，越是难改。

所以，上海的有些领导可能会有些"地方主义"，有些听不进去，他当面不会反驳，可是等苏联专家走了以后，他讲这个行不通、那个行不通，是有这个情况的。部长下去，主要就是"抹平"，讲一下具体的情况，解决一些实际矛盾。

对于苏联专家的某些意见，依我看，只能精神领会，我们能改的逐步来改，不能改的，说明情况也可以的。苏联专家讲的基本上都是对的，有些不符合实际情况也能够理解，他也不了解地上、地下的那么多年遗留下来的问题，更难办的是我们的动迁工程，不容易做。

李　浩：所以您的日记就非常珍贵，不是一个简单的日记，而是有很多学术价值，这是我的认识。

张友良：另外，在中苏友好方面，我们有切身体会，我们很尊重苏联专家，明知道有些做法行不通，可是听还是要听。城市规划工作的特点，我感到一个是综合性，什么东西都要管；第二是服务性，所有问题都必须给他们解决妥当，否则是行不通的。所以，绝对不能说我自己是最高的决策机构，什么都要听我的，这是肯定不行的，必须要考虑几方面因素，制定出大家都能够接受的方案，那你这个规划才是真正有水平的。

李　浩：除了苏联专家之外，您的日记中还有波兰专家萨伦巴的不少内容，比如1957年12月的7次讲座。关于这几次讲座，我也查到一些档案，但是，档案中基本上只是波兰专家萨伦巴讲课的内容，讲座主持人梁思成先生的发言在档案中并没有记录，讲座的时间和地点在档案中也没有记载，而这些，您的日记中都有。借用文化遗产保护领域的一个概念，我觉得您的日记更加具有"原真性"，这是比官方档案资料更珍贵的。

张友良：我记得，当时萨伦巴讲到波兰的卫星城市，除了华沙之外，还讲了两个小城市，当时我没有记下来，一个叫诺瓦提戈，一个叫诺娃霍塔。现在我在地图上查找，也没查到这两个城市，它们大概是某个城市旁边的两个小镇。

五、新中国第一代城市规划工作者的日常生活和精神风貌

李　浩：除了刚才讲到的学术价值之外，我觉得您的日记还有一个方面的价值，就是反映了新中国第一代城市规划工作者的日常生活和精神风貌。在您的日记中，出现频率最高的就是周干峙先生，日记中的称呼是"小周"。之所以这么称呼，可能是他个子有点小的缘故吧？

张友良：对。我跟周干峙很熟，跟他住过一个房间，住在阜外大街城市设计院宿舍楼东北角拐角的四楼，单元房子，水泥地，我们房间的旁边有一个水斗，洗脸特别方便。周干峙还有一个外号叫"一平方米"，因为他走路时老是在思考问题，一边走，一边低头看脚下一平方米的位置。何瑞华的外号叫"五香嘴""八宝袋"，她的口袋里随时都可以拿出来吃的东西。记外号比记名字容易，也比较亲切。

李　浩：您的日记中还有很多外号，像"鸭子""麻雀""野猫""排骨"和"大炮"等。

张友良："鸭子"是陆时协；"麻雀"是倪美芬；"野猫"是章之娴；"排骨"是上海的一个邻居；"大炮"是赵垂齐。

李　浩：在刚才谈到的这几次访问之前，1956年9月30日，城市设计院职工列队欢迎印尼总统苏加诺，您在这一天的日记旁特别标注了"难忘的时刻"这几个字，可能是因为亲眼见到了毛主席。

张友良：对。当时，我还站在欢迎队伍的后面拍过照。

李　浩：我注意到您日记中的这段文字了："虽然我知道可能不准拍照，可是由于太想念了，太敬爱了，也太尊重毛主席，所以还是照了一张。可惜太激动了，被人撞了一下，没照好。"（图3-42）但最后面两行文字我有点认不太清楚了。

张友良：奥，我看看。

（张友良先生翻看日记……）

最后两行是："毛主席的后面汽车里，还有党和政府其他负责人。"

图 3-42　庆祝国庆 7 周年的游行队伍正在通过天安门广场（1956 年 10 月 1 日）
资料来源：当代中国研究所编 . 中华人民共和国史编年（1956 年卷）[M]. 北京：当代中国出版社，2011：643.

其实，在毛主席乘坐的汽车前面还有周总理，周总理坐在毛主席前面的一辆车里，结果那辆车开到阜成门城楼附近时，不知怎么回事突然抛锚了，周总理后来批评过那个司机：怎么搞的？这是我听说的，也算是一个小插曲。

李　浩：您的这一条记录很生动，规划师一般很难见到毛主席，不太容易了。

张友良：是的。不过在那一次，城市设计院的很多规划师都见到了毛主席（笑）。那个时候，马路两边列队的人群只有两三排，我站在第二排，亲眼看到毛主席站在敞篷车上，苏加诺总统戴着帽子。

李　浩：张先生，在读到您日记中的两条关于亲人去世的记载时，我的心里感到一颤：1957 年 4 月 3 日"祖母病故来电，因有任务，不能回家"；1963 年 2 月 5 日"父亲病故来电，因有任务，不能回去"。这是令人难过的事情，但却也反映出第一代城市规划工作者全心投入工作的奉献精神。

张友良：说到这些事，我也很难过……我从小是被祖母带大的，比较亲，可是没有办法回去。祖母去世后没多少天，我就接到通知，要我跟随傅雨田部长助理去西安等地检查"四过"，先是去河南参加了三门峡水库的开工典礼。出差时，傅部长助理见我带了一个黑臂章，询问有关情况，他还问我："你回去了吗？"我说："工作为重，不回去了，家里还有其他兄弟姐妹。"

李　浩：你们为了工作，把个人的一些问题都抛在了脑后，令人敬佩。再有就是您的日记中还有很多晚上自学或政治学习的记载，比如 1956 年 4 月 19 日"晚自学《关于无产阶级专政的历史经验》"，20 日"晚上自学'无产阶级专政'并漫读《中国革命史》"，23 日"晚上讨论'无产阶级专政的历史经验'，历时三小时。参加者万[列风]、刘[正]、周[干崎]、[张]孝[纪]、吴[明清]、沈[永铭]七人"。这是在 1956 年 4 月 5 日《人民日报》发表编辑部文章《关于无产阶级专政的历史经验》之后不久，你们在上海出差期间。

张友良：那时候，阶级立场非常鲜明。

李　浩：晚上本来应该休息的，还要学习，经常自学，可以说学习的热情很高，那时候的精神风貌现在很难想象。

张友良：那时候的生活非常简单，你可以从日记中看到，全天 90% 的时间都是工作，自己私人活动的时间很少。我在上海出差，那么长时间，回家的次数也是很少的。

李　浩：您从上海回到北京以后，7 月 2 日"上午至结核病防治院摄片覆[复]查，十日听结果，体重仅 61kg"。可能是工作非常辛苦，身体也瘦下来了。

张友良：我们刚参加工作的时候，每天上午 10 点钟都有工间操，下午还有一次，我当过领操员，有时候吹哨子，有时候还要喊口号，对呼吸道很不好。特别是我们组里面有一个同事，也是我的同班同学，叫蒋天祥，他有肺结核，我们老是在一起趴着画图，结果他传染给我。我没想到我自己会传染上，传染上以后很严重，医院让我全休。

李　浩：我注意到您的日记当中记载了，1955 年您基本上是以休养为主了，从 2 月 27 日到 11 月 22 日。

张友良：对。

李　浩：那时候休养了，工资还照发吗？

张友良：对，工资照发，只是已经打折扣了，工资很少了。在北京全休，吃饭什么的都不方便，后来就回到上海老家，我妈妈照顾我。我在上海住了 6 个月，然后再去医院复查，说还没有全部好，部分纤维化，我跟大夫说：我能不能回北京去？他说回北京可以，但还得休息。我说那行我就回到北京了。那时候，即使只有一天两天没工作，我就感觉工作上落了一大段，怕跟不上。我不能正常工作，哪怕坐在后面听听也好。一到北京，我马上又到医院复查，北京的医生说：你可以恢复半天工作。我高兴得不得了，终于可以接触工作了。可是自己还很注意，不要再传染给别人。

所以，在那个阶段，真是如饥似渴地只想多学点东西，生病两三天都感觉到我会跟不上，落后的感觉。没有很多别的想法，倒是很简单，很单纯，希望抓紧好转。还好，我的结核病后来好了，完全痊愈以后居然可以冬天游泳，没事了（图 3-43）。

图 3-43　张友良先生书法作品
（1996 年）
资料来源：张友良提供。

图 3-44　经张友良先生亲自校改的日记整理稿
注：共包括"第一册：大事纪要（1953—1957）""第二册：1956
年度日记"和"第三册：1957 年度日记"3 册，各册右下角有张友
良先生关于"同意发表"的授权签字。

六、若干提问

李　浩：您日记当中有些字，我认不太清，还想向您请教一下。

张友良：有时候时间仓促，写得太潦草了。

李　浩：比如 1956 年 10 月陪同苏联专家组去上海，其中"李院长"我知道是城市设计
　　　　院的副院长李蕴华，"陶工"是谁呢？陶家旺或者陶冬顺？

张友良：不是。他年龄比我大，头发比较稀薄，胖胖的，是陶振铭。陶工是一个年纪较
　　　　大的道路工程师。陶家旺和陶东顺的年龄都比我小，不会是他们……（该方面
　　　　的谈话特予省略）

李　浩：最近我阅读您的几本日记，内心一直比较激动。我很想把您的日记转录成打印
　　　　稿，这样看起来会更清楚一点。只不过有不少字我还不太认识，需要您帮助辨认，
　　　　这会给您增添不少麻烦（图 3-44）。
　　　　目前我所阅读的几本日记，主体内容是 1956 年的，这一年也是我们国家在计
　　　　划经济时期城市规划工作最高潮的时候，包括城市建设部的成立在内。我甚至
　　　　在想，您的日记可以取个题目"城市规划在 1956 年"，起码是一个侧面。

张友良：我的日记还只是我所接触的部分内容，要是"城市规划在 1956 年"这样的题目，
　　　　还缺少很多内容。

李　浩：尽管不完整，但您的日记是很生动的，阅读后会让大家对 1950 年代的城市规
　　　　划工作有更多的了解，更多的"同情"。
　　　　张先生，我还想向您请教的是，晚辈已经看过的几本日记，主要是您在 1956

年和 1957 年上半年记录的，由于 1955 年您在休养，应该没什么日记，那么，您刚参加工作时，具体来说，也就是 1953 年下半年和 1954 年度，这段时间您的日记还有没有保存？

张友良：1950 年代的日记，好像就这几本了，没有别的了。

李　浩：在 1953—1954 年，也有一些大事，比如城市设计院的成立，档案中查到的日期是 1954 年 10 月 18 日，这一天，李正冠被任命为副院长，还有一个 43 人的调令。据说当时有一个成立大会，其地点，有的前辈说是在山老胡同，有的前辈说是在西直门桦皮厂。

张友良：我想想，印象里好像是在山老胡同，那天食堂还庆祝了一下——加菜。我记得是山老胡同，因为在桦皮厂的那段时间我刚好不在北京了。

李　浩：您的日记中写到 1954 年"9.18 回京筹备工作（山老胡同）"，所谓"回京筹备工作"有可能就是成立城市设计院的筹备工作，之后"9.21 专家会议、华东汇报""9.22 赴波考察团座谈会""11. 初 华东孙增蕃、黄克武、阮祖培等来京协作"，但 10 月 18 日或前后几天的事情却没写。这件事对中规院来讲是一个大事，要是能找到更清楚的记载就太好了。

张友良：我还有些资料没有来得及好好整理，还要花点时间来找一找。我记下这个日期——1954 年 10 月 18 日，回头再找找其他的日记本，看有没有相关记载。
我记得我还保存有一张 1962 年北京城乡规划专科学校的学生名单，名单里面绝大部分都是印尼华侨，这些人里有 4 个人毕业后分配到杭州工作了：白佩英、洪瑞基、黄福德和林万平。我到杭州来的时候还碰到过他们，他们还认识我，叫我张老师，因为那时候我是他们的体育老师。

李　浩：您说的这个名单还保存着吗？

张友良：我这两天一直在找，还没有找到，等找到以后我再拍张照传给你（图 3-45）。我再找找看，找到的话一定会提供给你，因为你做这个工作的确很有意义，再没人来做这个工作了，其他人恐怕也不会愿意花那么多时间来做这些事情。现在怎么讲呢，讲经济效益的很多，图眼前的利益。你做的很多工作，是人家看不到、摸不着的事情。
当然了，说起来，过去的事找不回来了，今天能找到的事情的时间太短了，应该把精力重点放在现在和将来，这是对的。可是，如果不考虑以前的整个发展过程，后面的一些工作可能也搞不好。做历史研究工作的确很辛苦，很累，而且像你这么投入，很可贵。你把我写的一点点很琐碎的东西看得那么仔细，我很感动。

李　浩：您的日记真的是无价之宝，没做过历史研究或者对 1950 年代的情况不太了解的人们，恐怕难以理解。最近我翻看您的日记，好几个晚上睡不着觉，激动。

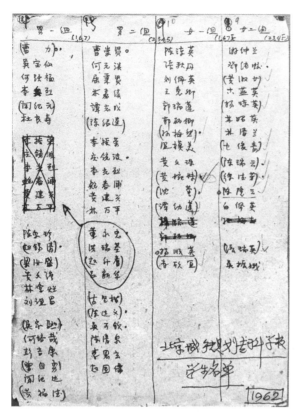

图 3-45 张友良先生手稿：北京城乡规划专科学校学生名单（1962 年）

注：共 68 人，人名旁标有圆点加下划线的是班长和副班长，仅标有圆点的是非华侨（内地学生）。

资料来源：张友良提供。

张友良：这一点我不能不佩服，因为我自己再翻看的时候，的确也勾起很多回忆，当时、当地的场景，很多能够历历在目。比方说到西安，我们是怎么吃饭的？屋里都是土地，没有凳子的，全部站在那儿吃的。吃的饭里面什么颜色都有，有的时候是咖啡色的荞麦面加大米，有的时候是绿的面条——菠菜面……很多东西是我没有尝过的，我感到很新鲜。后来居然进了一批凳子，长条凳，每个凳子上可以坐两个人，可以坐着吃了。那天吃饭时，一进食堂把我吓了一跳，发现大家还是蹲在凳子上吃，喜欢蹲，不喜欢坐。

1953 年秋天，西安市政府大院里的石榴都结得那么大了，我们每人都分了几个石榴，在棚子里拿着吃，这个印象都很深。院子里还有一个沙坑，我练跳高，跳跳不要紧，跳出阑尾炎了，在西安动手术。我刚刚上班后第一次出差，跑那么远，还从来没有做过手术，我害怕。当时，去西安出差是万列风科长带队，我对他说：万科长，我想回上海去。他说：医生讲你这是亚急性的，你来不及，飞机上出问题怎么办？况且，那时候我还不能坐飞机的。他说：没有办法，就在西安做手术吧，你胆小，我请李廷弼局长帮忙联系西北最好的医院——西北医学院，请他们医院的外科主任亲自给你做这个手术，你放心吧。万科长还亲自陪我去医院。当时本来是 20 分钟的一个手术，因为外科主任带了学生观摩，

图 3-46　拜访张友良先生留影（2018 年 11 月 24 日）
注：杭州市西湖区天目山路 150 号，张友良先生家中。

手术做了足足一个小时，麻药时间都过去了，害得我疼得叫起来。出院以后，万列风一直把这件事当笑话给大家讲：这个小伙子没用，他在里面叫痛，我们在外面都听见了。这些印象都很深。

你讲的一些老资料，我再找找看，找到以后我随时告诉你。你还有什么要求尽管跟我讲。

李　　浩：好的张先生，谢谢您的大力支持！到中午了，我就不多打扰了，下次有机会再来拜访您（图 3-46）。

张友良：好的。

（注：这次访问结束后，《张友良日记选编——1956 年城市规划工作实录》一书于 2019 年 7 月由中国建筑工业出版社正式出版，2019 年 8 月 9 日在杭州举行了首发式，见图 3-47、图 3-48）

（本次谈话结束）

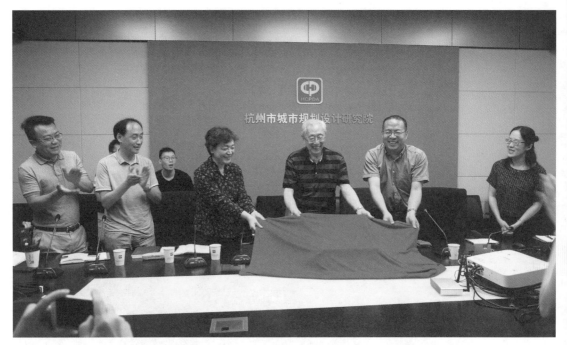

图 3-47 《张友良日记选编——1956年城市规划工作实录》一书首发式活动现场（2019年8月9日）
注：活动地点在杭州市城市规划设计研究院。

图 3-48 《张友良日记选编——1956年城市规划工作实录》首发式活动留影（2019年8月9日）
注：左起：李筱曼、王纪武、汤海孺、洪亚华（张友良先生夫人）、张友良、李浩、张勤、杨毅栋、侯成哲。杭州市城市规划设计研究院拍摄。

沈远翔先生访谈

当时我参加全国计划会议的简报工作，只是幕后的文字工作，主要是悄悄收集地方领导在会议主题和小组会讨论之余的一些议论，供主持会议的领导参考。有时候，李富春同志、谷牧同志他们召集部长讨论问题，开很小范围的会，也派我去做记录……会议上讨论的那些问题都是国计民生的大问题，参加的都是省委书记等高层领导，记忆中未触及有关城市规划的问题。

（拍摄于 2017 年 10 月 11 日）

专家简历

沈远翔，1932 年 11 月生，湖北黄陂人。

1950—1954 年，在清华大学建筑系建筑学专业学习，1954 年 8 月毕业分配到建筑工程部城市建设局城市规划处城市设计院筹建组。

1954 年 10 月至 1960 年，在建筑工程部城市设计院、城市建设部城市设计院工作。

1960—1961 年，在国家建委城市设计院、国家计委城市设计院工作。

1961—1964 年，在国家计委城市建设计划局工作。

1964—1965 年，在国家经委城市规划局工作。

1965—1969 年，在国家建委设计局工作。

1969—1975 年，先后下放到江西清江国家建委"五七干校"和河南修武国家建委"五七干校"劳动各三年。

1976—1981 年，在株洲玻璃工业设计研究所、株洲建材部新型建筑材料工业设计院工作。

1981—1992 年，在杭州新型建筑材料工业设计研究院工作。

1992 年退休。

"一五"时期，曾参与洛阳、太原、包头等城市的规划设计工作。

2017 年 10 月 11 日谈话

访谈时间：2017 年 10 月 11 日上午

访谈地点：杭州市下城区天水桥，沈远翔先生家中

谈话背景：《八大重点城市规划》与《城·事·人》（第一至第五辑）出版后，于
2017 年 8 月中旬寄呈沈远翔先生。沈先生阅读有关材料后，与访问者进行
了本次谈话。

整理时间：2018 年 1 月 20 日

审阅情况：沈远翔先生于 2018 年 8 月 7 日初步审阅修改，2018 年 8 月 28 日定稿并授
权出版

沈远翔：先谈谈你（指李浩）写的《八大重点城市规划》这本著作。我读过以后的印象是：
史料比较翔实，评述也比较公允。而且我对你的工作态度很赞赏，不知道你读
过马克思的书没，马克思对每一个名词、每一个事件的原始出处一定要查清楚，
一个新的观点、新的名词是谁提出来的，他都搞得清清楚楚。我觉得你有这种
精神，要把事情查真、查实，这种态度我很赞赏。因为我自己也搞过文字工作，
搞了很长时间，这种作风我觉得挺好，这种态度很好。

你从事的规划历史研究，也是一门学问。你对"一五"时期的规划史的研究应
该出了很大的力，过去真不容易弄到这方面的资料，光查档案就得要劳神费力，
所以你作这个研究应该花了好几年的时间。

李　浩：城市规划方面的档案资料不太容易搜集。

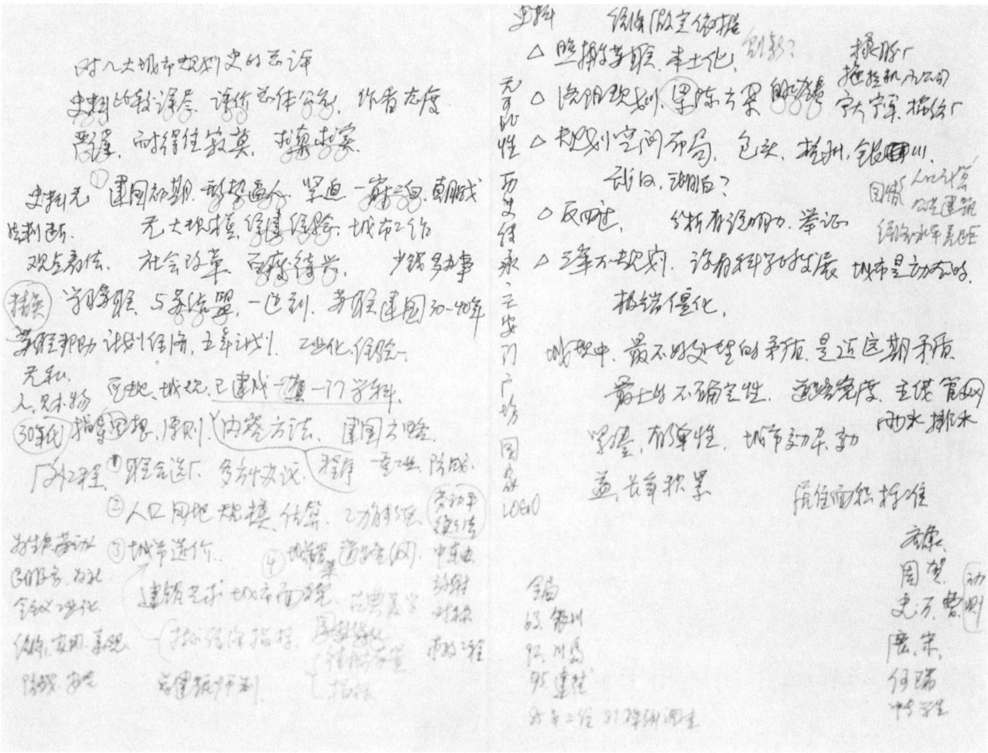

图 4-1　沈远翔先生访谈提纲手稿（节选）
资料来源：沈远翔提供。

沈远翔：是的，当时我们参加城市规划工作，还是保密的，新人进单位都要经历很严格的政治审查。

一、家庭出身与清华大学学习经历

沈远翔：我是湖北黄陂人，出生于 1932 年 11 月，资本家兼地主家庭出身。以前祖辈在上海做生意，是批发商，从上海进日用百货运到湖北，批发赚钱比零售多得多，然后在湖北买地，逐渐变成了很大的地主。不过我祖父是当地知名的开明人士，"土改"时没有受到什么打击。

我初中是在武昌文华中学就读——一个教会学校，它在抗战时候内迁又迁回，很多老师是美国人。我上的高中是上海南洋模范中学（图 4-1、图 4-2），数理化全部是英文教学，那时候这样的学校很少。"南模"当时是上海有名的私立学校，公立学校比较有名的是上海中学。石成球就是"上中"的。

傅舒兰：那您的英文应该非常好。

沈远翔：我英文不好，哑巴英语。中学时代没怎么好好学习，特别是高中，大量地看小说，看文学名著（笑）。

图 4-2　沈远翔高中毕业照
资料来源：沈远翔提供。

李　浩：您是 1950 年上的清华大学？您入学的时候，周干峙先生转到建筑系了没有？[①]

沈远翔：是 1950 年，周干峙当时已经到建筑系了。建筑系高年级的同学，有好多是转系的，他们开始并不是学建筑的。我不一样，我在中学已经立志学建筑了，当时我喜欢画画，在中学的时候画画得过奖。我的一个堂兄当时考到了之江大学建筑系，他跟我诉苦：真糟糕，要画画。我说这很好，还有这么一个系，当时就有学建筑的想法了。周干峙可能就是从电机系转来的。他最喜欢安装、修理无线电了。你有一堆不成套的电子管和零件，他就能添点真空管和零件，设计个线路，装成收音机。他和我在城市设计院的时候，两个人都是单身，住在一个房间里，门口经常摆放着收音机，都是别人送来等着他修的（笑）。他的这点爱好和本事，好像现在很少有人说了。

李　浩：您喜欢画画，是受到父母的影响，还是个人的爱好？

沈远翔：主要是个人爱好。家里面我姐姐也挺能画的。小时候没有跟谁学，到中学的时候，美术老师特别喜欢我。

李　浩：您在清华学习建筑学专业的时候，有哪些印象比较深刻的人和事？

沈远翔：在大学里，我印象比较深的是梁思成先生。

梁先生，我觉得他最大的贡献是对中国古建筑的调查、测绘、整理。中国的许多历史建筑——一些重要的庙宇碑塔以及有价值的建筑物，他都组织测绘，他画的那些图和拍的照片，真的是下大功夫了。有的实物已毁，成绝版了。他在建筑设计方面创造性的作品很少。如果要跟当代贝聿铭这样的建筑师比，在建

[①]　早年周干峙先生到清华大学学习，入学时并不在建筑系。

筑创作方面的成果上，那就不好比了。但是他在中国古建筑领域和建筑人才的培养教育方面确实作出了开创和奠基性的贡献，在国际上也是中国建筑界的代表。

吴良镛先生，大约是在我入学前后，刚从美国回来。当时，他在系里展出了他在美国画的水彩画。这些画大都是日常生活场景，画面清新、活泼、潇洒，是专业水彩画家的格调，和建筑师的画不同。画页上还标有美元价格。听说吴先生卖画能补助生活，我既好奇又钦佩。吴先生平易近人，与学生相处好似友人。其实，那时候全系师生相处都十分融洽。我们1950年入校的这个班有30人，一下子全系学生数量翻了一番。老师、老同学都很高兴。建筑系当时在水利馆，就是"清华学堂"那栋房子的楼上，有一间很大的教室，不同班级的学生都在那里头，每个人一大张画图的桌子，大家一边做自己的设计、画图，一边可以互相聊天。所以，高年级和低年级的同学都非常熟悉。

关于林徽因先生，我觉得她本来应该是一个有天赋的文人，我读过她写的一些文章、信函，她的文思敏捷，意境高雅，遣词造句自然天成，觉得她真是个文学大家。她和梁先生结了婚，学了建筑，投身于建筑事业，身体又很不好，她的长处、潜能没有完全发挥出来，有点可惜。她在美学方面也是有水平的，对国徽的设计出了很多力。关于国徽，还要说一下教我们雕塑的高庄教授。我们的国徽不是一个平面的图案，而是一个立体的雕塑作品，从平面变成立体主要靠高先生来完成，他大大提高了国徽的艺术水平。如天安门、五星、稻麦穗、齿轮等的高低是不同的，有层次感。把稻穗和麦穗做成立体的环状图案，线条流畅、简洁、有力。原来国徽下部的红色垂绶是一种轻盈飘逸的状态，高先生加工成了图案化的直线条的坚硬形象，使得国徽整体上显得十分稳定。

李　浩：您听过梁思成先生的讲课吗？

沈远翔：印象中梁先生当时没有对我们这个班级有固定课目的讲课，好像有过不分年级的大课，作报告，内容不记得了。但我们做课题设计时（如公园大门设计等），他会来班上巡视，看看大家的设计，给大家改图，在改图中随手就能画出中国古建筑的造型和各种装饰性构件。他脑子里积累了大量的中国古建筑资料，信手拈来，都是传统、正宗的。

李　浩：林徽因先生的课呢？

沈远翔：她那时候病得很厉害，不讲课了。

李　浩：程应铨先生呢？

沈远翔：程先生我不熟悉，我没有跟他面对面地接触过。

李　浩：说到清华大学的教育，程应铨先生应该是城市规划方面的一个主导性的老师。另外，从我们国家整个城市规划工作来说，他翻译的几本苏联名著，如《城市

图 4-3　1952 年院系调整时与同班同学在清华建校工地
注：前排左起：沈远翔、殷一和、林爱梅、毕可宝、熊明。
资料来源：沈远翔提供。

规划：工程经济基础（上、下册）》等，据说当年几乎人手一册。程先生对城
市规划工作的贡献也是非常大的。他没给你们讲过课吗？

沈远翔：我记得没有给我们班讲过课。印象中程先生总是在忙着别的工作。当时我在学
　　　　校接触的教授是较多的，因为在院系调整建校时期，除了建筑系的老师外，还
　　　　集中了一批搞力学、结构计算的教授，如刘恢先、张维等，交给我的任务是把
　　　　他们集中起来，利于他们沟通协调，并做好他们的后勤工作。不记得程先生参
　　　　与了这些活动和讲过课。有可能他当时在忙北京市规划的事情。

李　　浩：可能当时还是以建筑学方面的课程为主，城市规划方面的课程比较少。

沈远翔：就城市规划而言，当时并没有一种专业的概念，主要是在建筑课程中附带讲
　　　　一讲，没有专业化（图 4-3）。

傅舒兰：沈先生，您是什么时候入的党？

沈远翔：我是 1952 年 9 月 20 号入党的。我在学校里入的党，和何瑞华在一个支部大会
　　　　上讨论入党的。何瑞华跟我很熟，她真是个好同志，和周干峙同班。她是北大
　　　　合并过来的，不是老清华。1952 年院系调整，北大的建筑系合并到清华。
　　　　何瑞华是山东人，她不修边幅，和现在的女同志相差太大了。有人说看到她衣
　　　　服口袋边吊着个袜子，我一点都不奇怪。她很真诚，对人很友好，生活不讲究。

英年早逝，真有点可惜了。

李　浩：听说她还有个外号："五香嘴，八宝袋"。

沈远翔：我不太清楚。她和我在"文化大革命"时一起牵扯到一个所谓的"反革命案件"当中去了，她很憋屈，后来心脏病发作。我认为和这个是有一点关系的，不像我，我比较想得开，她很憋屈。

李　浩：她是被批判了，受到了影响吗？

沈远翔：她没有受到批判，但因为那个案件受到很大的政治压力。在我们所谓的"群众造反组织"里，她只是"二级战斗队"的头。

二、工作初期参加"一五"时期规划工作的经历与思考

李　浩：当年您大学毕业以后，城市设计院还没有正式成立，正在筹建中（到1954年10月才成立）。当时有没有一个城市设计院的成立大会？

沈远翔：城市设计院是10月18日成立的，我记得好像有过宣布城市设计院成立的会，我印象里有那么一个会，但是当时人员很分散，人员不齐，有点记不清了（图4-4、图4-5）。

李　浩：地点是在西直门桦皮厂，还是在山老胡同？

沈远翔：不会是在桦皮厂，因为桦皮厂城市院的人不多。我报到就在桦皮厂，是在史克宁的办公室。我报到时有史克宁和朱贤芬他们两个人。朱贤芬也是挺好的一个同志，但是她爱人的背景有点问题，她的工作老是因为这个背景问题受限制。她年龄不大，可能比贺雨稍微大一点点。我参加工作的时候，万列风只有28岁，贺雨好像比他大一点。我特别欣赏老万，我看你采访他的那个谈话记录，他的记忆力好，逻辑也清晰。

李　浩：是的，他说话没有废话。虽然说得很慢，但是很清楚。

沈远翔：对，人又正派、仗义、实事求是。改革开放后中规院筹备恢复时，开始到各地招回老城院的人，万列风、贺雨等同志到处联系要人。老万是最积极要调我回去的，那时候我已到株洲工作。他不顾阻挠地去找建委，而且给我又写信又打电话，要我一定要去建委找人事局局长。

这个局长负责建委"文革"后期的专案工作，继承了建委军管时期的一些错案和一个荒唐的所谓"反革命案件"，思想狭隘，从来不认错。我也是死顶，说证据不落实，在江西干校公开贴小字报质问，要求复查，让他们下不来台。结果被定性为"五·一六"和"右倾翻案风"的代表，开除了党籍。从此，长期向中央申诉，所以我在"五七干校"待了6年。

1973年在河南"五七干校"期间，这个局长（当时是建委政工组长）以政工组

图 4-4 中规院建院 40
周年聚会与老同事们合影
注：沈远翔（左 5）。
资料来源：沈远翔提供。

图 4-5 中规院建院 40
周年聚会时王文克局长
与清华毕业生合影
注：左起：赵师愈、夏宗玕、
李钰年、鲍世行、王文克、
孙德华、沈远翔、徐华东。
资料来源：沈远翔提供。

的名义给我写信，硬说"结论不再复查"，还指使干校不许我探亲，不许参加集体劳动、学习，停发工资，想迫使我离开干校。直到 1975 年底，在宋养初主任的主持下恢复了我的党籍，同时我也不接受给我做的结论，我还是离开干校参加了工作。但是对那个所谓的"反革命案件"未能平反，始终是不甘心的。1978 年 4 月我又到建委入门的大厅贴了一张大字报，揭露此案的问题。大字报贴了几天后悄悄撤了，建委领导一直无反应。这时我才感悟到：此案是"文革"高潮时期建委军管会上报中央"三办"立的案，建委领导当时不好表态。后来一直拖到 1979 年 1 月胡耀邦同志主持大规模平反时，根据中央的部署，建委才正式平反。

但那位人事局长还是没有认过错，而且极力阻挠我归队，压着我的迁京户口不报，说："沈远翔要是回来会影响安定团结"，真是可恨又可笑。老万催我去北京时正是春节前夕，我想，不急，节后去吧。春节后，我去北京找到这个局长，他满口答应马上给我办理。实际上，春节后北京市关闭了迁入户口的闸门。比如王建平等一批同志就是春节前报的，迁入北京就办成了，我本来和他们是一批的。他就是故意地不报，阻挠我归队。

李　浩：据说城市设计院报到的时候，刘学海坐着一辆高级的轿车来接你们，是这样吗？

沈远翔：是的。当时刘学海开了一辆车——捷克产的斯柯达大轿车，到清华接我们。我是带队的，把二十几个人的档案背在身上。车子开到建工部城建局，当时就把石成球留在局里了。我当时对管人事的人提意见：你们连档案都没看，怎么就决定把石成球留在那儿了？那个女同志脸红了，笑了笑。他们好像根本没有觉得这算什么问题。反正就是看石成球是党员，留到局里就完了。那个时候的人事工作没有像现在这样仔细。

李　浩：我问过石成球先生，我说您为什么会到局里工作，他说他也不知道。

沈远翔：他当然说不出道理来了，没什么道理可讲，一看是个党员，就留下了。当时还要把我留下，刘学海不同意，他觉得我管着档案，是带队的。当时我们几个里面，学习最好的是赵光谦。赵光谦是全五分，他得了一个金牌奖。

李　浩：当时您曾参与洛阳涧西区的规划，能请您讲一讲当时的规划工作情况么？

沈远翔：我毕业后出来做规划的时候，基本上一批重点城市的总体规划的阶段已经过去了。我当时忙什么？就是轮流转，哪一个城市要给巴拉金汇报，要提出修建设计、街坊布置，实际就是详细规划这一套，就把我弄到那一组去加班加点，干了几天汇报完了，好了，安排去另外一个城市。我就是这么转，所以我现在对细节方面有点想不起来了。

李　浩：洛阳应该是您第一个出差的城市？您对当时洛阳城市的印象如何？

沈远翔：对，那是 1954 年 8 月。当时是魏士衡在那，还有一个雷工程师，广东人。洛阳涧西区当时是一片很好的麦子地。对于工程建设，那个坡度千分之三，特别理想。我记得当时的防护距离要求很严格。这么好的地留那么宽的防护带，我觉得有点可惜。但是后来好像里面修这又修那的，搞得乱七八糟的了。我对洛阳整体的印象就是觉得这个城市比较简单。

李　浩：洛阳是第一批历史文化名城，当时有没有一些历史遗迹？

沈远翔：有。刨的坑里面随便拣起一片碎瓷片都似乎觉得有文物价值，我都拣了好多碎瓷片。当时建设都要探坑，检查有没有古墓。涧西区这边没有什么有价值的重要文物，有价值的主要在西宫和西宫南边。当时，西宫好像是军事部门管的，很严格，后来建了洛阳玻璃厂。总的来说，洛阳旧城还是太破破烂烂了。

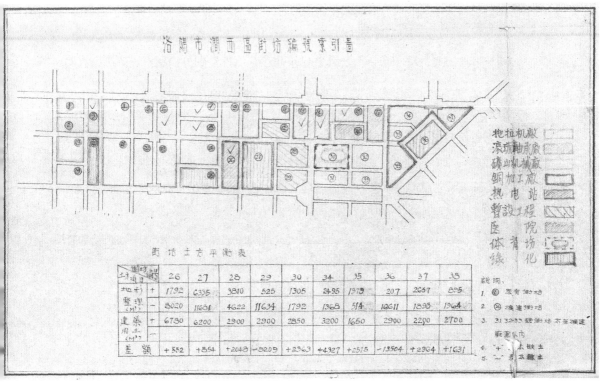

图4-6　洛阳市涧西区街坊编号索引图

注：图中部分文字为笔者所加。

资料来源：洛阳市涧西区规划修改说明书（1955年9月6日）[Z]. 洛阳市规划综合资料. 中国城市规划设计研究院档案室，案卷号：0829.

李　浩：当时洛阳的详细规划，主要是做工人住宅区的规划吧？

沈远翔：当时详细规划的内容主要是街坊布置（图4-6）。最开始是北京的一个设计院负责搞修建设计，他们负责住宅设计。好像是华北直属设计院，我一直参与他们的工作。当时的修建设计就是周边式布置街坊了。开始的时候挺好，标准合理，以三四层住宅为主。后来搞"生产节约"大砍一刀，非常狼狈。

当时是我去修改设计方案的，因为设计图纸的完成有先有后，直条形的房子图纸完成早，都已经修建好了，拐角处房子的设计图纸还没有出来，硬"砍一刀"，都改成单层的。这件事是让我做的，拐角的房子都变成了单层，高低房子胡乱搭配，那成什么样子嘛！我始终觉得很遗憾，干了这么一桩事。单层房子很简单，设计一下就完了，就盖上了。实际上，单层房子从总体来说，并不见得多划算，占地多，寿命也短。

李　浩：涧西区的详细规划，巴拉金要审查吗？

沈远翔：巴拉金对做详细规划的几个城市是一个一个审查的，我都跟着转。那时候做起来说实在的也没有太多的考虑。当时有一批中专学生，为了求快，他们按照不同的单栋住宅的外形，剪成纸片，在街坊红线内摆来摆去，觉得合适了就画图，是这样做出来的，没有经过多深的考虑。当时的主要矛盾是公共建筑。照道理讲，应该有些房屋的底层可以解决公共建筑问题，但投资划分问题不好解决，有的就没怎么考虑了。中小学的话，我的印象里当时没有做，只在街坊周边留了点备用地，街坊内部没办法留，当时都是这样的。

李　浩：您对巴拉金有什么印象？

沈远翔：巴拉金很友好，他是个文化人，很儒雅的一个人。听人说，一次在他审图的时候，看着看着就唱起了苏联一个热门电影的插曲，歌词翻译是"你从前是这样，你现在还是这样"，意思就是咱们做的图没什么变化（笑）。

　　　　他好像也有不满意的时候，但不会发火。他对中国很友好，因为中国是新的社会主义国家，他们认为多了一个朋友，跟我们很好的。

李　浩：我查档案时注意到，除了洛阳之外的另外几个城市，比如包头、太原、大同的规划，您也参加了，对吧？

沈远翔：是的。我在这些城市做的都是详细规划。

李　浩："一五"时期的八大重点城市，您参加了其中好几个城市的规划，可否请您讲一讲参加几个城市的规划工作的基本情况？

沈远翔：我总的谈谈我对"一五"时期的苏联援建、八大重点城市规划的看法。从大的方面来说，我觉得我们最大的收获、成就，就是在学习苏联的基础上奠定了我们国家城市规划的一个基础。最大的问题、教训，就是"三年不搞城市规划"，这个损失太大了，这是一个很大的教训。对于学习苏联，你的书里面已经分析了很多，我觉得当时我们国家初建的时候真的很穷、很困难，那时候各方面都很困难，形势非常紧迫。我们国家当时有战争，又穷，而且刚刚建立新中国，对于城市的工作、工业化、经济建设这些方面都没什么经验，国家的领导层也没有什么经验，所以那时候就是一心一意地想赶快把我们国家建设起来。

　　　　当时，我们这一批年轻人就是这样一个心态，要想办法赶快把我们的国家建设好。这时苏联已经建国几十年了，有比较系统的经验。他们是计划经济，总的来说是集权式的一种领导，虽然是联邦共和国，但是中央的权力很集中。所以，他们那一套建设方法，他们的五年计划，对我们有很重要的启发。那时候比较重要的是搞重工业建设、国防工业的建设，这是很关键的一步。我们确实是继承了苏联的建设方法，这也是我们中央领导层的战略眼光，就是一定要把工业搞上去。所以，那时候城市规划可以说还是搬的苏联的一套理论体系。另外还着重于搞工业建设，最开始，城市规划叫"厂外工程"，以工厂为主的，就是156项"援建工程"。

　　　　苏联斯大林时代对中国的援助还是真心实意的。那个时期派来的专家都是他们的精英，既有行政经验，又有技术经验。我虽然和他们接触不多，但是我总的感觉是他们的水平很高，他们对中国的热爱是真心的。后来赫鲁晓夫时期派来的专家和他们是有差距的。

总的来说，我们国家当时就是这么个情况，所以出现一些问题在所难免。苏联从 1917 年革命成功，到 1930 年，城市规划已经基本上形成一门学科了。它的指导思想、规划原则、内容、方法、程序，整个已经成体系了。苏联专家对他们国家的规范很熟悉，我们问他们，他们都说得很清楚，那对我们帮助很大。

我们在清华学建筑的大部分学生都是提前毕业，本科的都是提前一年毕业，其他考进去的学生，像夏宗玗、石成球、赵光谦这一批，他们考进去的时候成绩很好，为了赶快毕业，结果让他们上两年毕业的专科，是这样一种情况。

说实在的，当时我们这些学生对苏联的城市规划几乎没什么了解。当年我上学的时候，还有苏联专家来教课，他教什么？教工业建筑、工业厂房，但没有涉及规划，我们有些规划概念，基本上还是西方的。比如程世抚这些老工程师，对苏联也不了解。不过，老干部里面我很佩服史克宁和万列风，说他们是规划专家也不为过，他们真是很有能耐，学习掌握都很快。

另外，还有一批重点城市的工程技术人员，除个别老工程师外，也都是年轻的，参加工作不久的大学生、技术员和工程师，由他们市的城建部门领导带队到我们院，和我们组织在一起，开展规划工作。

当时，从南工来的齐康同志在我们院进修，也参加了一些规划工作，他跟夏宗玗等一起做过侯马市的规划。我没有和他共过事，但感觉齐康就是一个学者型的知识分子，特别热衷于收集资料，他在我们院里积累了很多资料，都是活页的，走的时候带了一大堆。

李　浩：齐先生直到现在还有这个习惯。去年我去拜访他，他在谈话的过程中就在一些纸片上记录一些信息，或者画一些图，并且他说还要保存着。

沈远翔：他在这方面是很突出的，所以能做出好的设计。看到你们对他的访谈录，没想到他在"文化大革命"期间因为看了城市设计院的资料还挨了打。

总之，我们主要由老干部加苏联专家，加年轻技术人员（大学生、中专生为主）凑起来的一支队伍，承担了当年"一五"期间紧急的城市规划任务。苏联对我们帮助很大，苏联和西方国家的理念不同。他们城市建设的目的和指导思想，比如具体的人口计算这一套办法，还有经济方面的一些概念，体现了社会主义国家的一些理念。当然，后来出现了一些发展变化，但是都符合当时的经济条件，符合我们国家的情况，他们那套体系，我们是基本上掌握的。

他们不足的地方，是他们的美学观点，比如道路的布局讲究中轴线对称放射，基本上是西方古典美学的概念。还有街坊，他们搞的小街坊都是那种周边式的布置，我觉得这些可能有一点问题，有点死板。

但总的来说，他们的社会主义国家建设经验和我们当时想发展国家的指导思想是合拍的，很容易接受，受到的抗拒很少，加上我们自己又没有经验，基本上都是他们说了算。

李　浩：现在再回过头来看那时的规划呢？

沈远翔：现在回过头来看，如果出现了一些问题，可能是当时对近远期的矛盾解决不好。因为我们国家在当时来说，远期发展不好确定，很难预计到后来的发展。比如说，杭州规划当时是巴拉金参与过的，具体城市设计是赵光谦参与的。从现在来看，当时的杭州规划有一个重大的误差，因为城市南面被铁路箍死了，他把杭州定为向北面发展，根本没有考虑钱塘江的方向。现在，杭州实际是往钱塘江方向发展了。最近还开了一个论证会，提出从"跨江发展"到"拥江发展"，这个发展方向可以说和巴拉金的设想是南辕北辙，完全相反了。

再比如包头，我觉得架子撑得太大。当时，八大城市里，我最担心的是包头，我说：这将来能连成一片吗？你写的书里面特别分析了一下包头建设造成的一些可以衡量的后果，例如多花了多少时间，多少钱。我当时就觉得会造成损失，会代价很大。所以，城市的发展，我认为，除了其他因素之外，最重要的是"紧凑、有弹性"，这就是城市建设始终要注意的。城市要高效率，就要紧凑。如果很松散，就是很大的浪费，特别是大城市。

所以，我始终都是主张搞小规模，不要搞大规模。现在我们国家那么多城市建地铁，不光是花了很多钱，而且居民工作生活要花很多的时间。我的小儿子原来住得离我很近，现在他买房子，买到靠近杭州东站那边了，我说：你们上下班要多花多少时间？接送小孩上学要花多少时间？时间就是生命，一天只有24个小时，你花了2个小时在交通上，太划不来了。我的想法就是这样的，城市的效率和紧凑有很大的关系，但是又要有弹性，你把城市箍死了也不行。

在管理方面，苏联那时候很强调各方面的协商交流。我们开规划协调会时确实争吵比较激烈，开那些会议吵得我都判断不了到底该怎么结束了（笑）。史克宁有决断的本事，他能够分析决策，有得就有失。我们年轻人老想着做到十全十美，这是不可能的，只有他能够当场拍板作决断。我从史克宁那学到很多东西。他写汇报，先把几天的工作过程都写了，然后提出几点他的意见。他的脑子特别缜密、冷静，我写东西、写汇报都跟他学（笑）。

还有一个就是国防的问题，当时的防护标准我估计都是跟苏联学的，限制得很死，要求很严，没有讨价还价的余地。铁路标准还可以跟他们商量变动一点，但人防距离是多少就是多少，不能变。那些标准现在来看都过时了，因为战争的概念已经完全变了。这些标准又涉及近远期发展的问题，所以城市的近远期发展是非常复杂的问题，它跟经济发展的水平、科技发展的水平，都有很大的关系。我认为现在正好发展到了可能出现大变化的一个阶段。特别是如果有新的能源出现，将来的城市规划要跟以前大大地不一样了。

具体地来说说你在书里提到的问题。一个是"本土化"，我认为，总的来说，"一五"时期我们的城市规划基本上没有什么创造。虽然因为国情、经济水平，或者是地理条件、气候条件，导致有些地方有些变化，但都谈不上创新，因为总的程序、内容和方法基本上是照搬苏联，说创新有点拔高了。你写书可能想尽量地来挖掘"苏联规划方法本土化"这方面的东西，但我觉得有点拔高。特别是经济发展预期的那个假定，我并不认为那是一种很深入的调查研究，它只是一种很粗略的概念。我觉得你稍微拔高了一点，但拔高一点反正也无所谓，这个事情说出来也就是这么回事。

另一个是洛阳规划和"梁陈方案"，我总的看法是两者没有太大的可比性，洛阳和北京根本不是一个体量，也不是一种性质的城市，没有太大可比性。应该说洛阳规划还是适应了当时那个实际条件的，但是对于北京，我认为"梁陈方案"当时不可能行得通。你想想，我们国家刚刚建成，经济底子薄弱，如果按照"梁陈方案"，就要新建一个行政中心和广场，而且天安门是不能用新的建筑去代替的，不能像巴西那样另建一个新的行政中心。天安门多好啊，它反映了我们中国的历史传统，体现了中国的庄严形象。我们国家很多历史事件都是在这发生的，国家的不少重大活动都是在天安门发生的，它是我们国家形象的一个代表。1950年我初到北京，经过天安门时，心情就突然激动兴奋起来。

李　浩：沈老，您讲得很好。我再请教一下关于人物的问题。何瑞华先生您比较了解，并且在八大城市规划工作中她的贡献也是比较突出的，据说好几个城市的方案都是她画的图，受到了巴拉金的肯定。她在"一五"时期以后的一些情况您清楚吗？

沈远翔：何瑞华人很好，很善良。何瑞华同志去世时，我不在北京，不太清楚她后来的一些情况。

李　浩：有一个老同志叫陈声海。

沈远翔：陈声海虽然家庭背景有点复杂，但人挺热情的，做工作挺认真，人挺豁达。李桓、葛维瑛，他们和我在网上有联系。李桓在杭州养老院里，良渚养老院里有城市规划系统不少人呢。

李　浩：在杭州的这些老同志有没有参加过"一五"时期杭州规划的？

沈远翔：那没有，赵光谦已经去世了，应该说，对杭州规划最了解的那就是孙栋家、王有智了。当时设计院搬家，我到这选址的时候，我们前面这条体育场路是不通的，孙栋家解决了这个问题。他干过拆迁，很辛苦。

三、"反四过""设计革命""三年不搞城市规划"
等相关运动时期的情况

李　浩：《城市规划设计程序》应该是新中国成立初期很重要的一个文件，据说您在
　　　　1956—1958 年前后参与过，现在您还记得当时的一些主要内容吗？

沈远翔：这个文件是很重要的，但是这个稿子我现在手上没有了。我那时候经常整天都
　　　　在做这个。王凡有时候笑话我，你一天到晚都在搞这个程序。这个东西可能后
　　　　来成了城市规划设计程序的原始稿件。
　　　　主要内容上，当时和现在最主要的差别就是初步规划。但是实际上，初步规划
　　　　的内容跟总体规划没什么差别，无非就是工作深度上的问题。

李　浩：据说在 1957 年的时候，您参与过"反四过"运动的一些工作？

沈远翔：对于"反四过"的问题，我认为你书里的分析都挺好。你的分析、举证，对标
　　　　准如何"过高"还做了一些比较，都有说服力。"反四过"算在城市规划头上
　　　　实在有点冤枉，但是确实也有这种浪费的现象。这和地方领导、部门领导有很
　　　　大的关系，他们都想把规划搞大，一劳永逸，所以标准搞得比较高，想一步建成。
　　　　一般来说，这种思想可以理解，应严加监督管理，但事实上是很难管得住的。
　　　　有些问题就不是浪费了。比如说雨水管道的问题，这个实际上必须要从长远和最
　　　　不利情况去考虑；又比如道路的宽度，你设计窄了，那不行的。远近的问题很难
　　　　掌握。城市的建设是动态的，它的未来有很多不确定的因素，你必须要有弹性，
　　　　要留有余地。当时没有一套比较清晰的科学发展观，有些中央领导没注意搞清楚
　　　　这个问题，他们着急。他们确实感觉到国家没有钱，真的没有钱，你把许多钱放
　　　　在城市建设上面是不行的。而且他们主管这方面，承担的责任和压力也很大。但是，
　　　　后来提出简单的"三年不搞城市规划"，这个实在是不科学，有问题。我认为这
　　　　一时期最大的教训就是这个"三年不搞城市规划"，解散了城市设计院这支队伍。

李　浩：在"大跃进"期间，您还参加了宣化的规划？

沈远翔：宣化规划，我一点印象都没有了，因为在宣化的时间太短。后来我翻了我的记录，
　　　　是有宣化规划，但只有一句话："新区发展要依托利用旧城"（笑），只有那
　　　　么一句话，其他的记不起来了。那天跟王有智聊天，王有智说她就是宣化人。

李　浩：当时还有快速规划。

沈远翔：快速规划我没有参加，我已经离开院里了，我对此完全是持否定态度的。我看
　　　　了周杰民写的回忆文章①，他背着行李怎么到云南什么的。那时我就害怕我们

---

① 指《想起我的第一次出差》一文，参见《陆拾集——中国城市规划设计研究院六十周年》，2014 年 10 月印刷，
　　第 26 ~ 29 页。

图 4-7 1963 年夏
国家计委城市建设
计划局部分成员
注：左起：沈远翔、
刑学志、何瑞华、郑基、
赵金堂、赵士修、赵瑾、
石成球。
资料来源：沈远翔提
供。

国家这种提个什么新名词后就刮一阵风，好像能起一点作用，但实际上没有什么意义。

李　　浩：1959 年的时候您还在城市设计院，您后来什么时候离开城院的呢？

沈远翔：我离开城市设计院是 1961 年，我被调到了国家计委城市建设计划局（图 4-7），我记得在那里处理的都是地方上琐碎、扯皮的事情。

到局里后，就是关于铁路的问题，车站的选址，还有工厂选址，都是琐碎的事，我的工作就是答复他们。当时主管的是王文克局长，只要是处理这些事情，都由王文克签发。这种事情很多，就是日常的很琐碎的管理事务。

李　　浩：据说"三年不搞"提出以后，大部分城市都不搞规划了，但有些特例，像攀枝花仍在搞规划。

沈远翔：我做的一个比较完整的规划是银川规划，就是 1963 年。这期间，银川规划组是我负责的，当时老城市设计院的设计人员先后参加的人不少，有王凡、夏宗玕、伍开山、宋玉珏、虞培德、周杰民、钱林发。搞到离结束差不多只有 20 天的时候，突然发生一件紧急的事情，北京电报通知我说甘肃有紧急任务，让王凡、夏宗玕、伍开山三个人立即从银川去甘肃，他们就撤离了。

李　　浩：他们几个人离开以后，您这边的规划力量就被削弱了。

沈远翔：对规划影响不大，因为前后已经搞了两个多月了，就剩下一点工作了。那个规划是完全按照设想的规划程序干的，我 1960 年代的日记上每天都有记载（图 4-8）。

李　　浩：可否请您讲一讲银川规划？

沈远翔：银川也是把规模搞大了，有点像包头。银川当时有宁夏大学、宁夏军区、橡胶

图 4-9　1963 年冬赴银川修改总体规划工作组
注：前排：钱林发（左 1）；
后排：沈远翔（左 4）、虞培德（右 4）、宋玉珏（右 3）、周杰民（右 2）、银川市城建局长（右 1）。
资料来源：沈远翔提供。

厂一摊，还有其他的一些什么单位一摊，也是三足鼎立那样一种局势。规划人口有 100 万，但是后来压缩了规模。这个应该说是我搞的规划工作里有始有终，最完整的一项工作。

李　浩：银川规划的时间，是在"三年不搞城市规划"提出来之后，算是一个特例吗？

沈远翔：当时把这个叫作"修改规划"。那时候，规划队伍已经紧缩到很少的人了。队伍是由曹洪涛直接领导的，他点的人，我是以规划局人员的身份参加的（图 4-9）。

图 4-10　1964 年同丁宝训工程师
去广州调查住宅标准
注：丁宝训（左）、沈远翔（右）。
资料来源：沈远翔提供。

李　　浩：银川是有什么重大项目需要修改规划吗？

沈远翔：当时没有特别重大的项目。

城市设计院撤院以后要保留一个 30 人的队伍，基本上我那时候还保留在那。
但是后来规划就不搞了，就告诉我要转到民用。当时民用和规划分家，李蕴华
分管民用，到设计局，她非要我跟着她走。那时候曹洪涛不好不放我，没办法，
我就彻底离开城市规划了。当时我们都是说走就走，服从分配，其实我要是提
出来我不想去的话，可能还会留下搞规划。

李　　浩：当时李蕴华先生在设计局里是什么职务？

沈远翔：她在设计局里是副局长，她和曹洪涛分家，就把人分了。何瑞华也分到了设计局，
她也是到民用处，因为当时以为不搞规划了。还有一个许玲，原来也在城市设
计院，是清华毕业的，她后来也到设计局了。

在民用处的时候，我参加了住宅设计规范的审定工作。当时，居住面积标准是
一个重要的规划指标。编制住宅设计规范是委托建工部的建筑设计研究院负责
的，负责人是丁宝训工程师和孙玲玲，我代表计委参加这项工作（图 4-10）。
他们做的规范人均居住面积为 9 平方米。因规范是现实执行的，不是远期执行的，
我们不同意，只同意人均 6.5 平方米，最好是 6 平方米，争论得很厉害，意见
不一致，定不下来。我就和他们一起去调查，调查了广州、武汉，还另外组织
了别的地方同时调查，最后总算把他们说服了。我们在调查中看到最困难的企

图4-11 1965年曹洪涛局长带队在太原搞"四清"
注：左起：崔学荣、曹洪涛、沈远翔。
资料来源：沈远翔提供。

图4-12 在太原搞"四清"时的情报组
注：后排王健平（左），沈远翔（中）。
资料来源：沈远翔提供。

业是什么情况，真是难以想象：一个房间里一张双层床，上铺是一家，下铺又
是一家。那时候国家没钱，企业更没钱。所以建研院的同志接受了我们的意见。
后来，在1965年全国基建会议上，一些领导同志认为：这类技术标准不作统
一规定，由地方分别规定好一些。当时定的住宅设计规范草案，就没有把人均
居住面积标准定死，允许根据不同情况变动。这件事说明当时的规划和建筑设
计标准是考虑了我国实际情况的，没有照搬苏联的标准。

在建委设计局后期，我还参加了一次"四清"运动（图4-11、图4-12）。由
曹洪涛局长亲自带队，组织了39人，分4个组，老万和我同组，他是组长，
我是副组长兼任团支书，在大同华北工程局和太原市政工程局前后搞了两年，
完全是按王光美搞"四清"的套路进行的。我一直在总部情报组工作。当时，
王健平同志也在情报组。

李　浩：前年我拜访过王健平先生，他已经有些不记事了。那个时候，张国华先生（王
先生的夫人）的状况挺好的。没想到过段时间以后，张国华先生先去世了。

沈远翔：他们是天津大学的同班同学，没想到他们的情况是这样。马熙成和我是清华的
同班同学，我患肺结核，身体不好，多留校半年，他先毕业参加工作，后来闹
病卧床不起了。我与老伴毕可宝也是清华同班同学，退休后得了脑萎缩，也是
长期卧床，情绪低落。我就去夏宗玗家里（夏和毕是贝满女中的同学，夏低两年）
请马熙成写一封信给毕可宝，鼓励她一下。老马还真是躺在床上写了一封信，
我拿回来给她看。我说马熙成还坚持着呢，你也要坚持下去（图4-13）。

图 4-13　阜外城院后院与马熙成合影
注：马熙成（左）、沈远翔（右）。
资料来源：沈远翔提供。

李　浩：“文革”前夕，设计局当时有个很大的事——“设计革命”。

沈远翔：对，“设计革命”。那时候我就参加这项工作，做联络员。比如哪个设计院院
　　　　长要做检查，或者哪个部的领导要开会研究“设计革命”问题，我就去参加会，
　　　　听一听。“设计革命”对规划有很大影响。“设计革命”运动已经完全不限于
　　　　民用建筑范畴，当时有好几十个设计院都参与其中。

　　　　“设计革命”还真和后来的“文化大革命”有点关系。最开始不是批彭真吗？
　　　　说彭真有个“二月提纲”①，调子提得很高，就牵扯到“设计革命”了。“设
　　　　计革命”跟彭真挂钩了，后来又批谷牧了，反正都是上纲上线的。

李　浩：1960 年 11 月，李富春副总理在第九次全国计划会议上提出“三年不搞城市
　　　　规划”，但我去中央档案馆查档案的时候，没有查到完整的会议报告。据有
　　　　的老前辈讲，可能是李富春副总理在布置工作的时候随口说的，并不是在正
　　　　式的大会报告中讲的。据说您曾参加第九次全国计划会议的一些工作，关于“三
　　　　年不搞城市规划”的情况，您了解吗？

沈远翔：完全记不清楚了，你问的这个问题太细节了。这件事虽然找不到文字、历史的
　　　　档案，但是事实上已经实行了。当时我一点都想不通，我觉得这件事简直就是
　　　　瞎胡闹。

① “二月提纲”全称为“文化革命五人小组关于当前学术讨论的汇报提纲”，是 1966 年 2 月以彭真为首的中央文
化革命五人小组向中共中央的汇报文件，该提纲受到毛泽东的批判，在当时引发了严重的政治影响和政治后果。

李　浩：这个会议好像没有别的规划人员参加。在计划会议上，您主要是做记录吗？

沈远翔：这个工作是曹局长推荐的，不是做大会记录，是做简报工作。当时我参加全国计划会议的简报工作，只是幕后的文字工作，主要是悄悄收集地方领导在会议主题和小组会讨论之余的一些议论，供主持会议的领导参考。有时候，李富春同志、谷牧同志他们召集部长讨论问题，开很小范围的会，也派我去做记录。

全国计划会议是一种很大规模的会议，讨论的问题是国家的整个经济计划的问题。说实在的，城市规划在这种会议里都排不上，真的排不上。会议上讨论的那些问题都是国计民生的大问题，参加的都是省委书记等高层领导，记忆中未触及有关城市规划的问题。

李　浩：资料显示，1966年2月，"文革"前夕有个"全国设计会议"，您是设计规范专题的组长。您能讲讲这个会议的一些情况吗？

沈远翔：我记不起来这个会了，我只记得我做过一些准备工作。宋养初（国家建委副主任）让我把所有的设计规范整理一下：哪一些是过时的，哪一些是还能用的。这个工作也不是我一个人能完成的，我一个人做不了，要靠设计院。

当时正好碰上要建设"大三线"，所以相当一部分人就去建设"大三线"了，王有智当时就去西南了，那时候她就二话不说，自己就去了。当时，我们年轻人的那种理念，那种状态都是这样的。从我自己来说，也很想搞规划，搞技术。但是更重要的，首先是要按照党的目标去干事。这两个一比较，我认为第一位是党的事业，而不是我的业务。

李　浩：个人服从集体。

沈远翔：那时候，年轻人有那种志向、目标、理想。我整理旧东西，翻到一份曹洪涛局长给我写的"三十本书"。那三十本书是指定他们领导干部学习的。当时我跟曹洪涛在一起工作的时间很长，他说有三十本书，我说，给我抄一个名单（图4-14）。那三十本书，我当时已读了十一本半，晚上有空就学这些书。曹洪涛局长和鹿渠清院长（城市设计院）都是我十分尊敬佩服的老干部、老领导。他们共同的特点是：朴素、认真、实在、平易近人、是非分明，绝不多吃多占。1960年代初，困难时期，食堂如有份好菜，曹局长自己不吃，用口杯装着拿回家给母亲吃。"四清"时，工作繁忙，有个同志要请假探亲，我没同意，有点怕对方不高兴。他知道后对我说：不能当"老好人"，该说不时就说不。鹿院长在江西"五七干校"时和我同住一间屋，我带着的大儿子不太听我的管教，鹿院长不嫌烦，帮我管他，早上还给他穿衣服。鹿院长干农活是一把好手，收割稻子，一般的年轻人都没他快。三年困难时期，城院后勤不知从哪儿弄来一些猪肉，切了一块送到鹿院长家，他立即让家人送回了食堂。这些都是小事，但反映了他们的人品，深切地怀念他们。

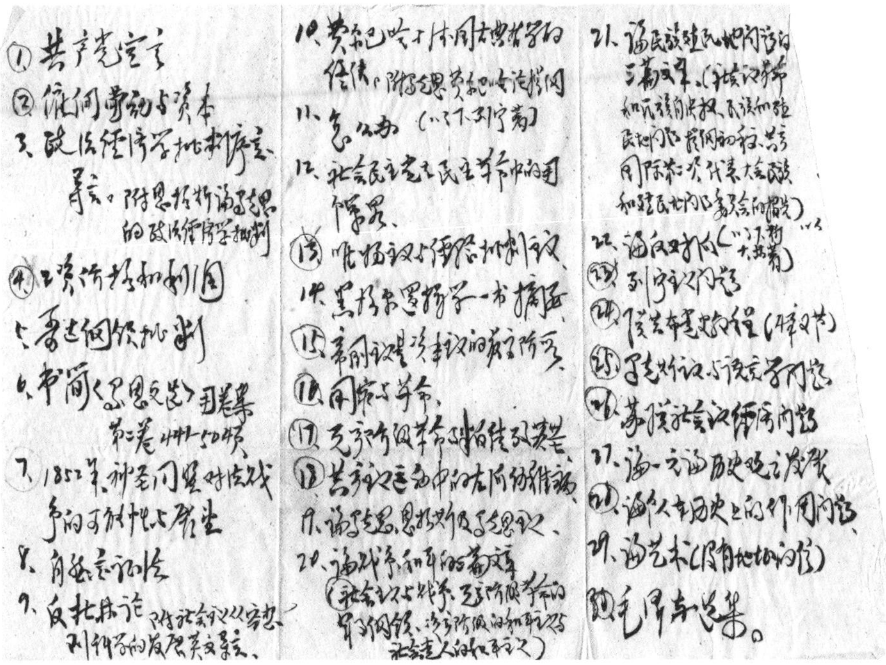

图 4-14　"三十本书"
资料来源：沈远翔提供。

我是 1965 年转到建委设计局的。当时，顶头上司是设计局局长李云洁，他原来是有色院（北京有色金属研究总院）的党委书记，具体工作实际上是宋养初负责的，宋的工作作风比较深入细致，一直抓到底，落实到个人。他也是我很钦佩的一个领导。我到设计局以后就专门做设计标准规范这部分工作了。

李　　浩：您刚刚提到的"五七干校"，其中关于史克宁副院长有两件事，第一件事是他在"五七干校"去世的；另外一件事，我听说他当时也背了一个政治上的包袱。您清楚吗？

沈远翔：关于这个历史问题的细节，我不太清楚，他长期以来就有这个问题，不能被重用。有这么一个框限制着他，他为这个事情真的很难受的。但是他去世的事情我很清楚，他这个人很仔细，他到一个地方去洗澡，拿了一个铁锹探底，落实了才往前走，但突然碰到一个坑，他一下就掉下去了，因为他不会游泳，就呛死了。

李　　浩：时间您还记得吗？好像是 1970 年 8 月前后。

沈远翔：肯定是个热天。我原以为我的日记一定会有记录，最近查了一下，意外的是"文化大革命"开始后，我的日记到 1966 年 11 月 12 日突然中断了（这一天前面的日记也是断断续续，后半本则完全是空白），后续的日记本开头已是 1971 年 7 月 7 日在江西"五七干校"了，但恢复日记应在 1971 年 7 月之前。可是我翻箱倒柜也找不到这时的日记本，也就无法确定史院长去世的日期。他实际上是为了学生在那边洗澡的安全，去探探底，结果就这样去世了。真是太可惜了。

四、调至株洲与杭州的工作经历和对现阶段城市规划工作的一些认识和设想

李　浩：改革开放以后，1981年您曾参加过株洲分区规划，对吧？

沈远翔：当时株洲市不是做规划，而是做调查。我不知道他们怎么知道我的，当时株洲市急着要做北区的规划，但是有些地方缺现状图，找到我了。我建议他们让一些单位抽一批懂工程技术的人跟我做现场调查，就是根据比较粗糙的地形图分区。每个人负责调查一个区域，先找一个图上位置固定的标志物，以此为根据丈量附近新的建筑和构筑物，整合起来画了一张不很精确的现状图，并没有做规划。做了调查以后，他们市长就想把我调到株洲去，后来我们玻璃设计院搬到杭州才没去。

李　浩：1976年，您调到株洲玻璃设计研究院工作，这应该是个全新的工作，难度挺大的，对吧？

沈远翔：是全新的工作。"洛阳浮法玻璃工艺"很有名，它的工艺原是英国的专利，英国把技术封锁了，但是我国这些人还是挺厉害的，硬是把它搞出来了，变成自己的了，这个"浮法玻璃生产工艺"还获得了国家科技发明二等奖。过去，平板玻璃生产工艺是"垂直引上法"。浮法工艺是利用锡的熔点只有300℃左右，玻璃的熔点是1200℃，把锡熔化成液态，再把高温的玻璃溶液在锡液平面上进行铺开、摊平、牵引、冷却等处理，就可以得到平板玻璃成品，产量、质量都大大提高。现在生产的基本上都是浮法玻璃了。

李　浩：1985年您还借调参加过上海经济区规划办公室的一些工作？

沈远翔：对，这是刘克带着我做的，他是浙江省城规院总工程师。我到新建材院后，我的几任领导——书记、院长，他们知道我的志向在城市规划，他们对我很照顾。只要有人来找我去搞规划相关的事情，他们都放行。刘克这个老同志当过大领导的秘书，他认识的几个部级领导酝酿成立上海经济区，要成立办公室、机构，刘克邀我参加了准备工作。

李　浩：这个工作具体是什么范围？

沈远翔：长江三角洲（图4-15），两省一市，就是现在所谓的"大湾区"的概念，属于区域规划了。当时，我负责收集资料，起草《长江三角洲的开发整治和建设布局构想提纲》，刘克负责起草成立机构的意见，曾去北京向计委吕克副主任和国土局汇报。后来上海经济区未实现，此事也不了了之。

我觉得区域规划很重要，现在必须得先搞区域规划，城市规划必须得在区域规划的基础上才能做，才能确定，否则确定不了。当时建委有个区域规划局，局长是方磊，是原来城市设计院的。我那时候搞这个东西找方磊收集了很多资料，

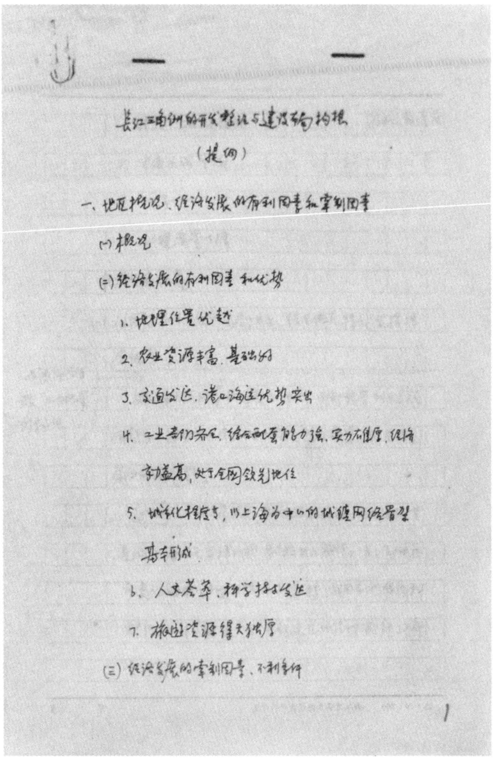
长江三角洲的开发整治与建设布局构想
（提纲）
一、地区概况、经济发展的有利因素和制约因素
（一）概况
（二）经济发展的有利因素和优势
1. 地理位置优越
2. 农业资源丰富，基础好
3. 交通发达，港口海运优势突出
4. 工业部门齐全，综合配套能力强，实力雄厚，经济效益高，处于全国领先地位
5. 城市化程度高，以上海为中心的城镇网络雏型基本形成
6. 人才荟萃，科学技术发达
7. 旅游资源得天独厚
（三）经济发展的制约因素、不利条件
1

图 4-15　沈远翔先生手稿：长江三角洲的开发整治和建设布局构想提纲（节选）
资料来源：沈远翔提供。

都是国外的区域规划相关资料。

李　浩：您是哪一年退休的？

沈远翔：我是 1992 年退休的。当时我还没有正式退休呢，赵瑾就邀我去深圳了，我们院（杭州新建材院）也放我去，对我这方面是很照顾的，当然我也帮院里做了很多工作。

李　浩：1992 年退休以后，您就又回归了规划队伍？

沈远翔：重新归队谈不上，因为脱离规划这个环境很久了，到底是不一样了，知识积累、信息渠道等方面都欠缺了。但是我跟那些老同志都挺熟悉，去要个资料什么的都挺方便的，包括设计院搬家，由株洲搬到杭州来，我请了好多老同志帮忙，比如王长升同志[①]，请他给我开个介绍信，他就很爽快地给我开了。

李　浩：您从 1981 年调至杭州到现在有 30 多年了，是否能请您评价一下杭州的城市规划？

沈远翔：杭州的规划我没有参加过，不好评价。但是，我对整个城市规划工作未来的发展有一些想法，简单谈一下。

在全球的大环境里，西方社会还是“丛林法则”，还是弱肉强食。但是在我们国家，正式提出了“人类命运共同体”的观念和思想。这两种价值观相互

① 王长升，曾任全国市长培训中心主任。

尖锐对立。现在社会矛盾尖锐，人和自然之间的矛盾也尖锐，人类已经把地球搞得乱七八糟了。我的一些同学在做生物多样化和生态环境优化的工作，他们的那些主张，我跟他们说，根本就是实现不了的，只有在"世界大同"的情况下才可能实现，现在的国际形势是一些强势的国家只顾自己的利益，根本行不通的。

现在还是存在着战争的危险。战争实际上没有停过，无非是规模大小的问题，那么有没有可能发生大规模的战争呢？我认为完全可能，所以我们必须考虑战争问题，在城市规划里如果完全不考虑这方面的话，也许将来就要吃大亏了。所以，对于我们国家现在的生产和生活，包括居住区的布局，我认为必须要考虑这个问题。现在不是有点争论吗？张军[①]提出来要多发展一线城市，四个一线城市是不够的，要加倍地发展，要做类似"大湾区"这样的发展；另一种就是温铁军[②]，搞"三农"的，他就说要城镇化，要多发展中小城市。他并不排斥大城市发展，但是他认为应该多发展中小城市，我是比较同意这种观点的。

我觉得在城市的各种矛盾中，最棘手的还是远近矛盾。城市是动态的，不可能静止。前面所谓的"三年不搞城市规划"，就是一种错误，它就是静止的一种观念，不是发展的观念，城市怎么可能不发展呢？虽然提出"三年不搞城市规划"，但是实际上哪个城市都得搞，搞得好不好是另外一个问题，但总要搞的，不搞怎么行呢？虽然城市设计院是撤销了，但下面的城市还照样要搞城市规划，不搞不行。

关于近期和远期的矛盾，我始终认为最主要的一点就是城市的发展要紧凑，要有弹性。目前，人类的发展到了很重要的一个关头，是一个历史转变的关头，科学技术和生产力的发展是不以个人的意志为转移的。必须要发展，而且是加速度的发展，很快，完全出乎意料。比如中国汽车的发展，我们以前绝对没有想到过，怎么会一下子出现这么多汽车。现在的发展远不止汽车了，比如人工智能的发展，还有如果出现新的能源，将来人类的生产和生活会发生难以预料的变化。

所以，我始终认为，从战略部署来说，我们国家现在除了利用现有的大城市群来发展之外，重点应该放在西部。西部的能源、矿产资源，都是很好的。现在是从西部往外输出这些资源，那为什么不就在西部发展呢？我们那个时代发展西部的举措就是"大三线"建设。我觉得你最好总结一下那个年代的历史，总

---

① 张军（1963–），复旦大学经济学院院长、复旦大学中国经济研究中心主任。
② 温铁军（1951–），中国人民大学农业与农村发展学院教授，著名"三农"问题专家。

结一下"大三线"建设。"大三线"建设也是出了一些问题,多花了很多冤枉钱的。从国家长远来说,现在我们还是要重点地发展西部,发展县域经济。当然,西部发展也有难点,比如少数民族等相关的问题。不过近些年西部的变化已经很大了,比如贵州贵阳就有很大变化。

我以前看到过一个资料,好像是动员浙江的一些力量去帮助宁夏发展的。浙江有一个资本家到宁夏去考察,看中了一个地方,能种葡萄,他就投资了30个亿,买了很大一块地,建了葡萄园,发展到现在已经能生产质量很好的葡萄酒,已经出口了。我觉得这种发展方式就很好,值得借鉴。我们要想办法把西部发展带起来,而且完全可以结合"一带一路",解决西部地区的发展。希望现在可以赶快多下点功夫,我们国家以前的建设真的是走了不少弯路,花了很多冤枉钱。另外,现在提出了"海绵城市""城市双修"什么的,昨天我又听说武汉要在东北方向建设"未来之城",我真有点担心会掀起一哄而起的风潮。

我不太赞成城市的高层住宅,我觉得住宅根本不应该是这样的。随着经济水平的提高,人都是趋向于接近自然,增进邻里交流。我在杭州有时候出去看一看,到处都是那些超高层住宅。哪怕设计水平再高,经济价值再高,但这种房子都会使得人和自然隔绝,邻里关系也消失了。商务区、金融区建高层建筑我一点不反对,但住宅这样是不行的。当经济水平提高了以后,可能人们都不愿意去住这种房子了,也许会造成一些浪费。将来的人肯定讲究生态环境的重要性,经济水平提高了,人就不愿意住在那种小笼子里了。我的观点不知道对不对,反正我是有点发愁的,我们盖了这么多的高层住宅。现在,雄安提出"三不建"——"不建高楼大厦,不建水泥森林,不建玻璃幕墙",这完全符合我的想法,城市就不能建那么多的高层。外国城市的建筑大部分很低,只有很集中的少数地区才有高层。因为高层造价高,人住在里面也不舒服。

李　浩：不宜居。

沈远翔：对。还有一个关于刚才说的那两种价值观的问题。我认为国家的领导层非常重要,人民怎么选择,领导层也非常重要。有人可能把美国的两党制说得很好,但这次的选举完全暴露了美国的选举制度也不怎么样。我们国家的领导人都是从基层不断地淘汰,最后选上来的。如果按十九大提出的改革思路,将来我们的监督制度能够建立起来的话,那我们会比西方的制度更完善一些。

西方的整套制度是建立在个人的利益上,以个人为基础。它的基本观念是要保护个人,比如你进了我的院子,我开枪打死你,是你活该。我们国家强调社会的责任、社会的公益,这两个价值观的差别就在这了。但是要实现中央领导提出来的一系列设想，那就不是一代人、两代人能够完成的，需要很长的时间。

所以，城市规划要考虑到这些因素，特别是科技的发展对城市建设发展影响特别大，比如说卫星图，现在画现状图简单多了，卫星拍摄的照片多好啊，还可以用无人机勘测，你要调研，利用大数据都很方便，所以规划的很多情况也变化了。现在人的职业多样化，可以选择自己有兴趣的职业。李浩，我觉得你搞"一五"时期的规划历史，比起来……

李　浩：您是指太落后了？

沈远翔：不是落后。我不是否定你的工作，那也是一部分工作，也是一种历史研究，是很重要的东西。但是相比起来，最要紧的是现在。我们国家还要花大量的资源、大量的精力搞建设，搞得好不好，真要靠你们这一代。

我觉得你搞"一五"的规划史，基本上已经差不多了。如果再去加深、加细，花这个功夫，好像不值得。我倒是建议你抓一抓"大三线"建设时期的规划工作，那个时候我们国家花的钱，取得的效果，和现在作个对比，真的有很多经验值得总结。

"三线"转移的生产布局、城市建设和"一五"时期比，变化相当大。这里面有一些值得总结的地方。花的冤枉钱不少，当时要往山洞里建设，那种工程都很花钱的。

我认为"一五"就那样了，就两条：一条是学习苏联的经验，奠定了规划的基础，再一条是"三年不搞"的大教训，总结起来，就这两条经验，其他的细节已经不重要了。因为随着新时代的变化，规划的内容、方法都要变化的，以前的东西是经验，它对现在的指导已经不够用了。现在要研究大数据这些问题了，还在讲那时候的人口和用地计算就落后了，现在有了卫星照片，现状图多精确啊。我的观点是这样，不是打击你的情绪。

李　浩："三线"建设的资料，收集起来有点困难，因为很多都是军工性质，涉密的。

沈远翔：这是个大困难。你的工作作风、工作态度我是很赞赏的。据说中规院正在搞《周干峙全集》的编选，这件事很有意义。周干峙是完整经历了新中国成立以来这段城市规划工作的工程技术人员，他做了许多重要城市的规划设计，又从基层做到领导岗位，他的典型性、代表性几乎无人可取代，把他的经历、工作系统地梳理，研究总结一下很有必要，很有益。

另外，我手上保存的这份《城市规划相关标准规范选编》（图4-16）是和规划有关系的全部的标准规范，这本材料是当时夏宗玕、赵士修等同志到杭州来，我们几个一起确定组织编制的。参加编制的有我、张惕平、赵金堂、顾曼琳。这本书工作量有点大，总共有三册，把当时的187项设计规范和50项有关的

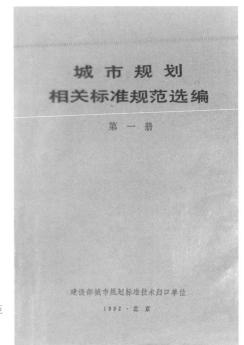

图 4-16 《城市规划相关标准规范
选编》〈第一册〉封面
资料来源：沈远翔提供。

国家标准中与城市规划有关系的内容汇总编辑成册。遗憾的是时效性强，有的
内容已经过时了。

李　浩：这本书很系统，没有正式出版吗？

沈远翔：没有。这个工作当时花了很大的精力，我们去新华书店内部的网络系统里面去
查资料，另外，属于国防口的资料就要自己想办法去找，当时，金经元的爱人
在国防口工作，我找她帮过忙。要搜集那些规范很费劲，因为我刚好管理过标
准规范，所以积累了一些有利条件。

　　　　这本书是内部资料，之所以没出版，不是因为成本，而是因为好多资料都是军
工方面的内部资料，不能公开。这也算我为城市规划做的一点实事。我的人生
不太顺，但是跟城市规划还是有缘的（笑）。

李　浩：您后面调到杭州工作，还是挺好的，杭州这座城市很令人向往。

沈远翔：当时说要搬到杭州，好多人还不同意，还想着回北京。宋养初说：到杭州你们
还有意见？赶快搬吧！（笑）（图 4-17）

李　浩：谢谢您接受访问！

（本次谈话结束）

图 4-17　访谈工作现场留影（2017 年 10 月 11 日）
注：杭州市下城区天水桥沈远翔先生家中。

图 4-18　拜访沈远翔先生留影（2017 年 10 月 11 日）
注：杭州市下城区天水桥沈远翔先生家中。

李桓、葛维瑛先生访谈

我们搞了一辈子规划，都是"纸上谈兵"……第一个五年计划的规划指标都是估计的。其实很有必要在一段时间后，回过头去看看原来规定预测的情况，是不是跟实际发展相符，人口、选址等，是否存在什么问题，这样才有助于规划的提高。但实际上，我们规划完了，就走了。对于现在的酒泉是什么样，真的是一概不知了。

（拍摄于 2018 年 08 月 25 日）

专家简历

李桓，1933 年 6 月生，天津人。

1951—1956 年在清华大学建筑系学习。

1956 年 3 月毕业后，分配到前城建部城市设计院工作。

1956—1961 年，先后参与过侯马、呼和浩特、抚顺、鸡西、庐山和井冈山的规划。

1957 年和 1959 年随院领导参与"青岛会议"和"桂林会议"。

1961—1977 年，分配到陕西省建筑设计院工作。

1977 年 6 月调到天津市规划局工作，曾任局副总工程师、处长、城市规划院副院长等。

1993 年退休。

（拍摄于 2018 年 08 月 25 日）

葛维瑛

专家简历

葛维瑛，1933 年 6 月生，江苏苏州人。

1951—1956 年在清华大学建筑系学习。

1956 年 3 月毕业后，分配到前城建部城市设计院工作。期间于 1956 年 5—6 月到酒泉参与工业选址规划工作，1956 年 9 月参与兴平规划，1959 年参与温州规划。

1961—1977 年，调到陕西省建筑设计院工作。

1977 年 6 月调到天津市规划局工作，先后任天津市规划学校副校长、校长。

1993 年退休。

2018 年 8 月 25 日谈话

访谈时间：2018 年 8 月 25 日上午

访谈地点：浙江省杭州市余杭区良渚文化村随园嘉树

谈话背景：《八大重点城市规划》与《城·事·人》（第一至第五辑）出版后，寄呈李桓、
　　　　　葛维瑛先生。两位先生阅读后，与访问者进行了本次谈话。

整理时间：2018 年 9 月 2 日

审定情况：经李桓、葛维瑛先生审阅，于 2018 年 9 月 29 日返回初步修改稿，10 月 14
　　　　　日返回第二次修改稿并授权出版

李　桓：向你们致敬，年纪轻轻，事业有成，一位是院士的学术助手，一位是留学日本
　　　　的学者。我们年轻的时候，还只是四级技术员，任高级规划师是后来的事。

李　浩：您过誉了。

葛维瑛：我们两人后来搞了建筑，他（李桓）是高级规划师，我是高级建筑师，同时兼
　　　　教学（图 5-1）。

李　浩：葛老，可否请您首先具体讲一讲您两位的简历？

一、清华大学的求学经历

葛维瑛：我原籍江苏苏州，从小在北京长大。入学清华前，我在北师大女附中——北京
　　　　最好的学校，他是天津一中，也是比较好的学校。

李　浩：清华大学的入学时间是 1951 年 9 月吗？

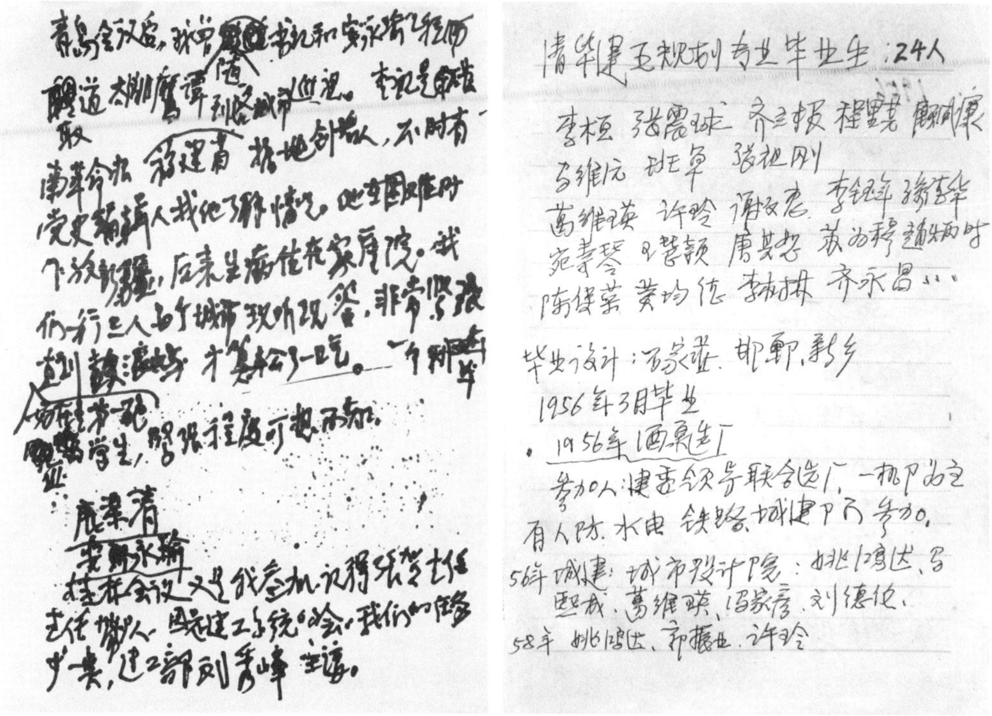

图 5-1　李桓先生与葛维瑛先生访谈提纲（手稿，节选）
注：左为李桓先生访谈提纲首页，右为葛维瑛先生访谈提纲首页。
资料来源：李桓与葛维瑛提供。

葛维瑛：我记得开学是 10 月份。学校突然扩招以后房子不够，所以推迟到 10 月份开学。

李　　浩：所以您两位是 1951 年入学，1955 年毕业？

葛维瑛：实际是 1956 年毕业。为什么晚半年呢？因为我们"建校"[1]了，一年级下半学期，土木系、建筑系全部停课搞"建校"的事情，那时候，清华、北大学生一扩招，宿舍和老师的住宅都不够了。营造场（盖房子的机构）当时因为"三反""五反"[2]都垮了，没有办法，让全校的土木系和建筑系停课半年搞"建校"，所以晚了半年毕业。

李　　浩：这么说是 1956 年初毕业的？

葛维瑛：我们是 1956 年 3 月毕业的。当时我们是建筑系，有 70 多个人，后来毕业设计分了三个专门化（图 5-2），我们专业 24 个人，（名单里）黄传福我漏掉了。

---

[1]　1951 年底，教育部准备进行全国高等院校的院系调整，成立了"清华大学、北京大学、燕京大学三校调整建筑计划委员会"。经教育部批准，"三校建筑委员会"承担了学校建设的任务，经历了设计、备料、招工、施工全部自己动手的阶段。

[2]　1951 年底到 1952 年 10 月全国开展了"三反""五反"运动，"三反"指的是在党政机关工作人员中开展的"反贪污、反浪费、反官僚主义"，"五反"指的是在私营工商业者中开展的"反行贿、反偷税漏税、反盗骗国家财产、反偷工减料、反盗窃国家经济情报"。

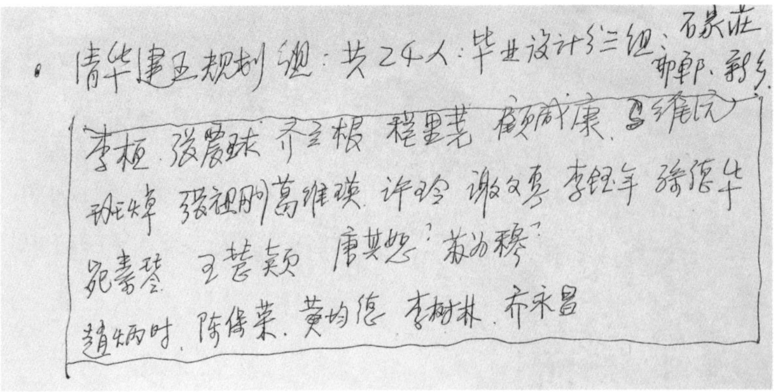

图 5-2 葛维瑛先生手稿：清华大学建筑系城市规划专门化小组名单（1956年3月毕业）
资料来源：葛维瑛提供。

在清华，我们是第一个城市规划专业班，毕业设计做了三个城市的规划：石家庄、邯郸和新乡。我是做石家庄的，他（李桓）是做新乡的，一组8个人。

李　浩：每个组的指导老师是不是不一样？

葛维瑛：不一样。因为我们是第一次搞城市规划，没有真正的城市规划老师。杨秋华既是翻译也是辅导员，有些研究生原来搞过规划，后来作辅导。我们组好像是英若聪，他是英若诚的弟弟，当时是研究生，跟着我们一起到石家庄搞规划，辅导我们。

李　浩：吴良镛和程应铨先生给你们授过课么？

葛维瑛：吴良镛当时刚从美国回来，当副系主任，没有直接教过我们。梁思成也没有给我们讲过课。当时，我们还请过林徽因讲色彩，结果也没来。她有病，身体不好。

李　浩：程应铨和朱畅中先生给你们上过课么？程应铨翻译了很多城市规划方面的文献。

葛维瑛：记忆中程应铨没怎么给我们上课。如果上过，也很少。当时，范天修不是清华老师，但他学了关于规划的知识，所以他倒是给我们讲过课。之后就是苏联专家，当时我们对苏联专家是非常尊重的，他画草图，我们都围着，他给我们讲。有一次草图纸没了，让我们同学拿草图纸，我们同学在他身后，从他脑袋上面递过来，后来还被批评了，说这样不尊重人，我印象特别深。

李　桓：讲课的苏联专家主要就是阿谢甫可夫。他来的时候在清华大学设了专题讲座。他有即时发挥，所以稿子第二天才给。我们讲课的时候，他改图，用铅笔，边讲边辅导。他讲课的时候很认真。星期天他另有安排，去写生、参观，活动很多，都是学校给安排的。他的夫人叫玛娜霍娃，在城市设计院，玛娜霍娃当时不出面。

李　浩：这里需要向您核对一下，玛娜霍娃是位女士，她的老公受聘在清华大学，我听到的另外一个说法是她的老公是阿凡钦珂。您记得玛娜霍娃的丈夫是阿谢甫可夫，对吧？

李　桓：不是阿凡钦珂，就是阿谢甫可夫，我讲的绝对没错。

图 5-3 侯马规划工作组在阜外大街城市设计院办公室工作场景（1956年）
注：前排：王有智（左1）、刘德涵（右2）、黄彩霞（右1）；
后排：廖可琴（左1）、李富民（左2）、张全生（左3）、夏宗玕（左4，组长）、李桓（右1）。
资料来源：刘德涵提供。

李　浩：阿谢甫可夫在清华大学工作了多长时间？当时是你们几年级的时候？

葛维瑛：我们毕业设计搞城市规划的时候他就在了。

李　浩：那就是1955年前后？

葛维瑛：1956年初。

李　桓：他的夫人很少出面，后来她到呼和浩特去当专家了，这是1957年的事。还有一个值得回忆的苏联专家是库维尔金。

李　浩：他在城市设计院工作的时候，协助他搞翻译的是韩振华。

二、李桓先生在城市设计院的工作经历

李　桓：1956年，我们毕业，我们班当时有留校的，有分到建研院（建筑科学研究院）的，有分到公安部搞人防的，还有去国家计委的，大部分是分到了城市设计院，大约有16个人。

我到老城院被安排在规划一室做实习技术员，半年后转正。那个时候，室主任是张贺、归善继，头一个组长是夏宗玕。我先后参与过侯马、呼和浩特、抚顺、鸡西、庐山和井冈山的规划。

李　浩：您刚开始工作的时候，有没有碰到什么比较大的问题或困难？

李　桓：我1956年参加侯马组（图5-3），那个时候连小比例地形图都看不太懂。虽然当时在学校里学了测量学，又到实地踏勘过，但是要看出地形地貌的显著特征、形成规律和找到存在的问题还是比较困难的。后来我就学规范、背图例、实际绘制分析图，才逐渐入门。总之，工作非常繁重，并且天天都要碰到难题，深感学校里学的半生不熟，相关基础知识、实际操作能力和实际工作需要相差太远。

李　桓：1957 年去抚顺（图 5-4 ~图 5-6），开始叫我去摸清楚情况。当时，院里在整风，单位也在整风。我是每天等消息，按时间应该回去了，又不许回去。那个地方冷得我没有办法，就每天跑图书馆，所以我是图书馆的常客。院里叫我不摸清楚任务不许回来。当时抚顺正在批判一个人，叫大家种玉米。我那时候可苦了，每天 3 分钱：半块酱豆腐、玉米面大饼子，就那么吃，就又在图书馆等着接任务，弄得很没劲。最后等到史克宁来了，日子才好过点，每周六带我们去打牙祭。我后来才知道史克宁和经济室的范天修另外组织了班子。我每天晚上跟范天修辩论，范天修也不讲他们在做什么，光跟我打哈哈。这次看到材料，才知道当时史克宁另外组织的班子，包括归善继他们整理的材料，叫"史克宁稿"。总之，在抚顺规划期间，我的状态是平时白天参加公社运动，跟着大妈们跑街道"摸情况"，星期六改善一顿伙食。当时我还以为是好事呢，后来才明白是把我当作闲杂人等来处理了。

后来终于回去了，1958 年我参与呼和浩特规划，主要的工作就是规划新区，有一条东西向的路把新区和老城连了起来（图 5-7、图 5-8）。

1958 年和 1960 年我随院领导到"青岛会议"和"桂林会议"上搞会务服务。"青岛会议"是城市会议，"桂林会议"是建工会议。"青岛会议"，我记得是张贺带着我去的，去的人比较多。会议结束后，我们还跟着鹿渠清院长、安永瑜主任到太湖、鹰潭还有福建省主要的城市转了一大圈儿。每到一个城市，我们一行都对城市发展提出些意见，一直到鼓浪屿。我们鹿院长是苏南共产党创始人，一边走一边要了解情况。我们三个人，书记不大发言，安主任总是第二个讲话，于是我就得第一个讲话。我们一行三人这趟，是我这一辈子遇到的最大考验。

李　浩：您说的这是哪一年？

李　桓：是在"青岛会议"之后。

李　浩：那就是 1958 年。"青岛会议"是 1958 年 7 月初结束的。

李　桓：1959 年，我随着院里去了井冈山，协助当地尝试性地进行了革命纪念系统规划（图 5-9）。我们把井冈山革命纪念地区划成了四个纪念区，每个纪念区都对应具体的斗争事迹的理念，这样来体现"星星之火，可以燎原"的思想。井冈山那时候白天开会，晚上整风，整的主要人物就是我。

1960 年的时候，我们还修改了一次茨坪的详细规划（图 5-10）。

李　浩：我听说您当年有个辩论，叫"'警察指挥车'？还是'车指挥警察'？"，您还有印象吗？

李　桓：那是后来的事了。

葛维瑛：他还讲过"是不是接受地方党委领导，是不是地方党委说了算"这个问题。

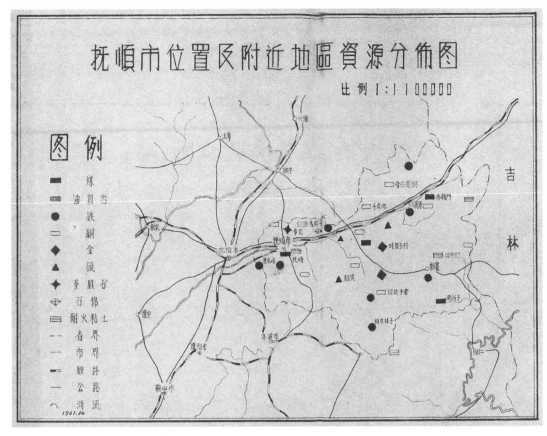

图 5-4 抚顺市位置及附近地区资源分布图（1957 年）
资料来源：中国城市规划设计研究院档案室，案卷号：0555-110.

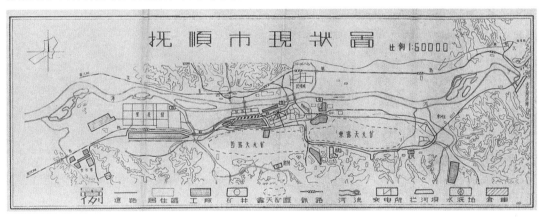

图 5-5 抚顺市现状图（1957 年）
资料来源：中国城市规划设计研究院档案室，案卷号：0555-111.

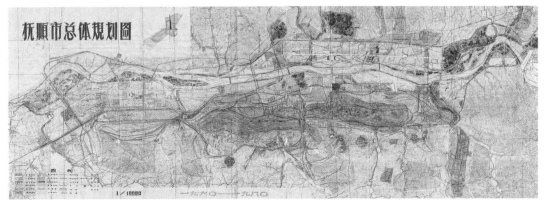

图 5-6 抚顺市总体规划图（1957 年）
资料来源：中国城市规划设计研究院档案室，案卷号：0557-002.

李桓、葛维瑛先生访谈 ｜177｜

图 5-7　呼和浩特市近期规划总平面图（1958 年）
资料来源：中国城市规划设计研究院档案室，案卷号：0531.

图 5-8 呼和浩特市远期规划总平面图（1958年）
资料来源：中国城市规划设计研究院档案室，案卷号：0530.

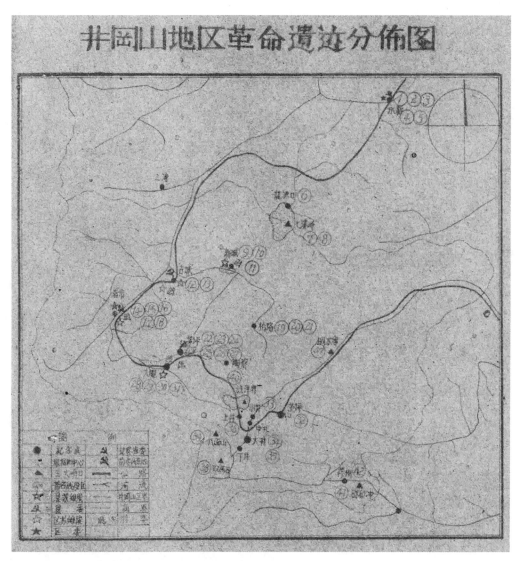

图 5-9　井冈山地区革命遗迹分布图（1959 年）
资料来源：中国城市规划设计研究院档案室，案卷号：0368-011.

李　桓：我的论点是要看地方党委坚持不坚持原则，如果地方党委不坚持原则，那我还是要顶。有人说党的绝对领导就能保证地方党委坚持原则，我说不可能，结果就为这个事儿整我。那时候是白天没事儿，晚上整人。那时候，我们可以给家里写信。我就给院里写信，把他的论点跟我的论点都列出来。

李　浩：王伯森说您是一个辩手。

李　桓：还有件事，老城院那个时候每年秋后等各个规划组陆续返院后，总要审定出图，并组织几次汇报交流会。交流会之后，各个室组都要选专题、出文章，报给技术室汇总，然后汇编年报。1959 年的时候正好是十年国庆，五年院庆。那个时候万列风是主编，和各室商议，要求精益求精。有的文章还找院长审改，很隆重。

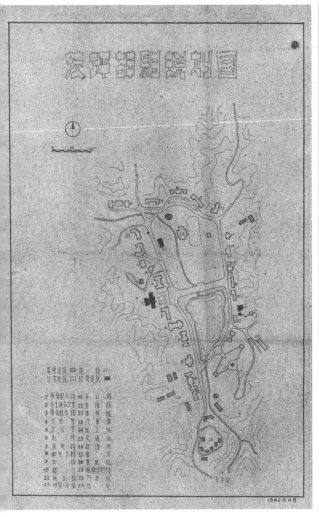
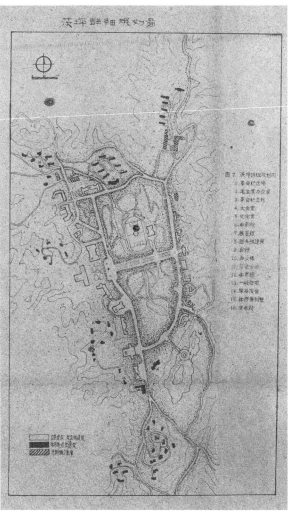

图 5-10 茨坪详细规划图（1960 年）
资料来源：中国城市规划设计研究院档案室，案卷号：0368-014、15.

全院都很重视。最后出了一本红色封面、大 16 开本的年报。

李　浩：我买到了。红色的封皮，版面比 A4 纸还大一点。

李　桓：对。

李　浩：但里面的文章都没有署名。

葛维瑛：对，都是小组集体成果。我们有个温州小组就写了关于温州规划的文章。

李　桓：其中也有井冈山规划的介绍，就是这个专刊，一大套成果。说起来，城市设计院的历史是从山老胡同开始的，但是作为城院的一员，我还没有去过那个地方。

李　浩：城市设计院成立是 1954 年 10 月 18 日，你们毕业的时候，城院已经搬到阜外大街了。

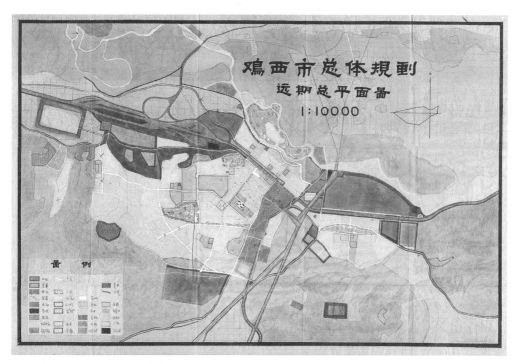

图 5-11　鸡西市总体规划远期总平面图（1959 年）
资料来源：中国城市规划设计研究院档案室，案卷号：0658-002.

李　桓：1959 年，我们院派了一个小组去鸡西协助规划。1958 年刚开始"大跃进"，
全党全民大办工业，鸡西自身的工业要发展，矿山机械厂也要扩建，城市人口
又增加了很多，各方面都很紧张。

我们在原来煤炭生产服务的基础上，把鸡西的产业定位为"主要发展以煤炭综
合利用为主的化学工业，适当发展为农业服务的农业机械工业、化肥工业和为
全市职工服务的轻工业"。当时主要考虑的是新开辟的工业区应该怎么布置，
河南的坡地怎么利用的问题。因为现有物质基础都在河南，而河北防洪工程大，
并且煤矿埋藏情况不清，经过多方案比较，我们定了主要往南边和西边发展，
新的化工区布置在东部的鸡冠山下，在铁路的北边，坡地就用来建居住区，西
边建了编组站和重型仓库，南边乌拉草沟里面也布置了一片住宅（图 5-11）。
鸡西的常科长是个能人，他能把《智取威虎山》中每处都考证出来。我们礼拜
天还去游兴凯湖，在边境线上。

再后来，我与四十多位同志下放西安，本来以为是响应党的号召，舍小家，顾
大家，让大家去基层锻炼锻炼。后来才知道是国家有关部门提出"三年不搞城
市规划"，再加上一些现在看起来颇令人迷惑的原因，结果导致老城院半年后
就解散了。

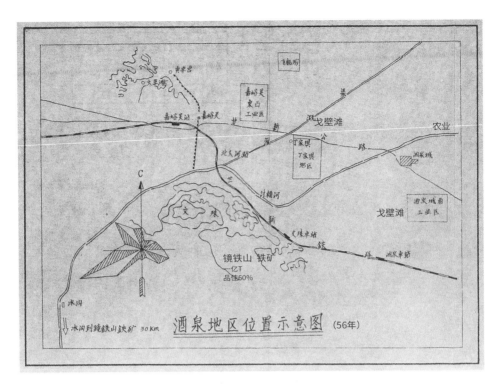

图 5-12　酒泉地区位置示意图（1956 年）
注：图中部分标注文字依照葛维瑛先生手写原稿重绘。
资料来源：中国城市规划设计研究院档案室，案卷号：1138-010.

三、葛维瑛先生在城市设计院的工作经历

葛维瑛：我 1956 年到酒泉搞选厂，大概是 5、6 月份。酒泉选厂由国家建委领导，以一
　　　　机部为主，有个酒钢项目要上马。当时参加的人，除了一机部，人防、水电、铁路、
　　　　城建部门等都参加了，设计院有姚鸿达、马熙成、我、冯家彦和刘德伦。
　　　　酒泉距嘉峪关 25 公里，在甘肃省（图 5-12），气候特别干燥，温差特别大。
　　　　当时有一句流行的俗语是"早穿棉袄午穿纱,抱着火炉吃西瓜"。风沙也特别大，
　　　　有一次我们坐汽车出去，刮起风来昏天地暗的，看不见路，汽车就停在那儿了，
　　　　等到风沙停了才能走。当地到处是戈壁滩，东北边有点农田，南边都是戈壁
　　　　滩（图 5-13）。
　　　　当时选厂有 17 个工业项目，规划设计院有几个不同的规划组。各组一对，这
　　　　个组也有这个厂的选址，那个组也有这个厂的选址，怎么回事呢？选厂的时候，
　　　　不是只选一个地方，不同的厂有不同要求，分了好几个地方，同时去看。实际
　　　　后来好多工厂落实不了，十几个项目最后只落实了钢厂。1956 年，大概画了个
　　　　图，分成两个工业区：一个是嘉峪关工业区，都是戈壁滩，地势比较平坦；另
　　　　一个是酒泉城南工业区（图 5-14）。后来做不下去，是因为工厂都落实不了。

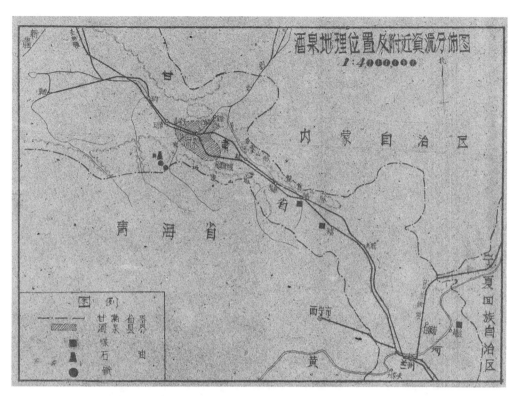

图 5-13 酒泉地理位置及附近资源分布图（1956 年）
资料来源：中国城市规划设计研究院档案室，案卷号：1139-009.

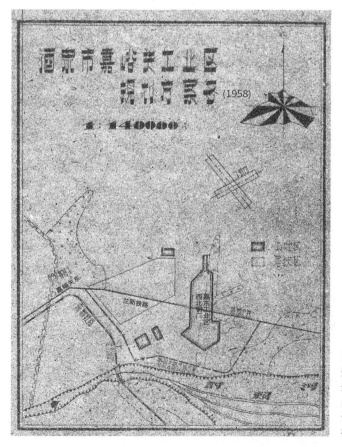

图 5-14 酒泉市嘉峪关工业区
规划方案图（1958 年）
注：图上部分标注文字依照葛维瑛先
生手写原稿重绘。
资料来源：中国城市规划设计研究院
档案室，案卷号：1139-008.

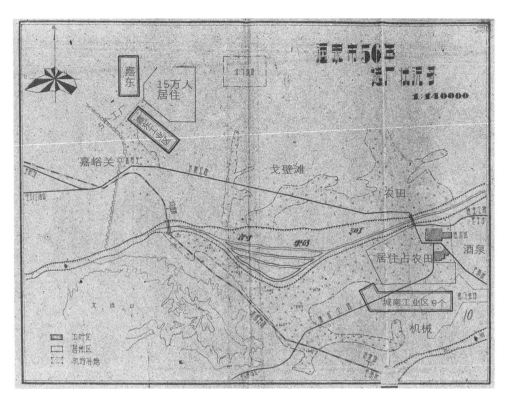

图 5-15 酒泉市选址状况图（1956 年）

注：图上部分标注文字依照葛维瑛先生手写原稿重绘。

资料来源：中国城市规划设计研究院档案室，案卷号：1139-010.

到 1958 年，钢厂落实了，确定西北钢厂要上马，就参考 1956 年规划的基础上，在铁矿区附近定了厂址。考虑到铁矿都在南边，钢厂要离矿源比较近。再有运输，要离铁路线也比较近。这块地在兰新铁路上，又是戈壁滩，地势开阔，还可以利用酒泉市的现有基础，就定在了这个地方，离嘉峪关比较近一些（图 5-15）。当时跟机场有点矛盾，机场不能有太高的东西，钢厂又有烟囱什么的，当时这个问题没有解决。

李　浩：机场是已经建好的？

葛维瑛：是建好的现有机场。

李　浩：这个选厂跟玉门油田有关系吗？

葛维瑛：没有什么关系，还远着呢。当时我们那个组里有刘德伦，他去了一趟玉门，要了点资料回来，其他的没有什么关系。就是以铁矿为主，都在山里。现在想来，酒泉规划存在的问题，是居住区放在了酒泉城的南边，这个地方占有宝贵的农田。但是当时对农业还不那么重视。另外就是和机场有点矛盾。酒泉规划大体就是这样，当时就做到这种深度。

1958 年，姚鸿达、郭振业、许玲又去了，第二次我没去，是有小孩儿了。

李　浩：西北钢厂后来的建设情况，您了解吗？

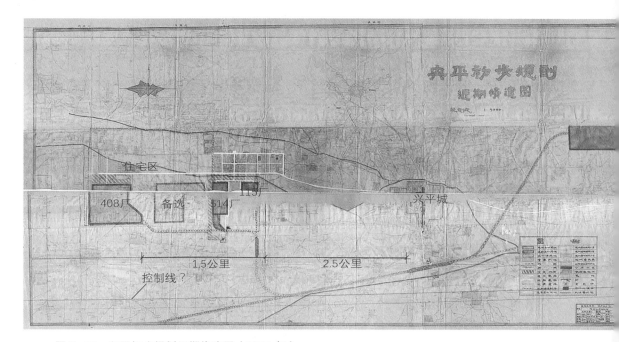

图 5-16 兴平初步规划近期修建图（1956 年）
注：图中部分标注文字依照葛维瑛先生手写原稿重绘。
资料来源：中国城市规划设计研究院档案室，案卷号：0994-002.

葛维瑛：以后的情况就不知道了。建起来后，是不是在规划的位置，我们也不知道。我
　　　　们后来再没去过。

李　桓：我们搞了一辈子规划，都是"纸上谈兵"（笑）。

葛维瑛：第一个五年计划的规划指标都是估计的。其实很有必要在一段时间后，回过头
　　　　去看看原来规定预测的情况，是不是跟实际发展相符，人口、选址等，是否存
　　　　在什么问题，这样才有助于规划的提高。但实际上，我们规划完了，就走了。
　　　　对于现在的酒泉是什么样，真的是一概不知了。

李　桓：我做了那么多城市的规划，后来的情况也是一概不知道（笑）。现在想来，至
　　　　少当地规划部门应该要做这样的工作，适时总结，才能有助于后面工作的展开。

葛维瑛：我做的第二个是兴平规划，是从 1956 年 9 月开始做的。
　　　　当时国家有发展工业的需求，我们院就派了一个工作组去。兴平当时现状人口
　　　　12000 多人，规划人口 15 万人～20 万人。规划的时候，也是有不少工厂没落实。
　　　　1956 年，最早说有 8 个厂要选址，但是后来，一方面因为兴平北部坡度大、冲
　　　　沟多，不宜建厂，南边又有警戒线限制，发展用地不多，另一方面是国家建设
　　　　项目变动，到 1956 年 9 月绘图时，只有两个厂了——115 厂与 514 厂。其中有
　　　　一个是电厂，已经成为现状了。还有一个项目叫 408 厂，因任务急也开始建了。
　　　　由于开始的时候，预计工厂较多，但很多工厂同时在好几个城市选点，最后选
　　　　了别的地方，就没落实到兴平，造成了比较分散的布局（图 5-16）。兴平城在

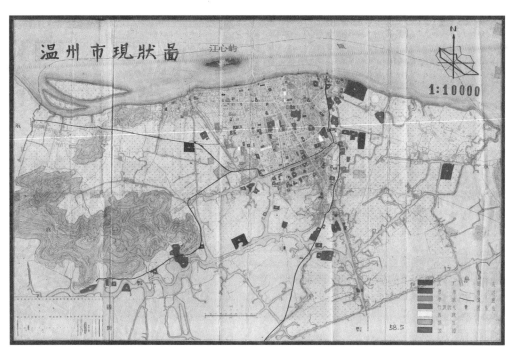

图 5-17 温州市现状图（1959 年）

注：图中部分标注文字依照葛维瑛先生手写原稿重绘。

资料来源：中国城市规划设计研究院档案室，案卷号：0425-002.

这儿，西面两个厂与居住组团组成一个工业区，工业区与兴平城的距离比较大，有 2.5 公里。之所以有这种分散的布局，就是因为规划开始时工厂较多，但后期没有落实的结果。

李　浩：这里（408 厂和 514 厂中间的方块）是仓库？

葛维瑛：不是仓库。这个是备选用地。我们规划的时候只能定未来发展方向，当时决定往旧城发展，将来可以在这儿拿地。

李　浩：您是 1956 年 9 月去兴平的，在那里待了多长时间？

葛维瑛：也就两个月，那个时间比较短。

李　浩：葛先生，您参加温州规划是在什么时间？

葛维瑛：1959 年 4 月到 9 月，这个时间长一些。温州市在东南沿海地区，北面是瓯江，瓯江很漂亮。1959 年，一个是铁路要上马，另外，旧城要改造，有些工业要建设，所以我们就派了工作组去了，做了总体规划。当时我们去的时候还没有铁路，只能走公路。公路都是沿着瓯江边上过去的，沿着瓯江看，特别漂亮。到入海口这儿有点泥沙，比较浑。温州市有个特点，它不是新建城市，1958 年前它就进行了初步规划，我们去的时候，现有的基础就已经比较雄厚了（图 5-17）。原来就已经有机械、化工、陶瓷工业和一些小厂。

规划人口预测近期 5 年发展到 30 万人，远期 15 年发展到 40 万人。

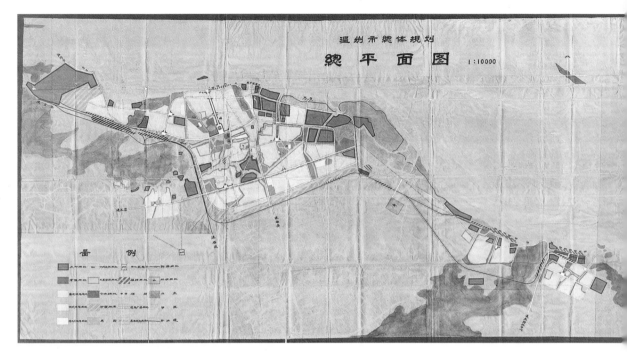

图 5-18　温州市总体规划总平面图（1959 年）
资料来源：中国城市规划设计研究院档案室，案卷号：0426-002.

当然，这个都是估算的，准确不准确我们也没再回去看过。当时规划主要考虑的
是工业。温州主导风向是东南风，所以市区这边的工业区都是无污染的。江东边
的工业区靠近瓯江，取水比较方便，所以规划以重工业为主，重工业又以机械冶
金为主；西北工业区，处于城市下风方向，又靠近瓯江，取水方便，以化学工业
为主；西北工业区对城市没有污染，取水也比较方便，以陶瓷工业为主；状元桥
有港口，有造船、水产加工等工业；龙湾这个地方水比较深，将来发展成远洋行业，
当时布局就是这样。市中心原来有一条路，考虑到这边的建筑是以木板房为主的，
比较容易改造，所以建议这条路改造成主要的干道，直对着江边（图 5-18）。

李　浩：江对岸的这个点（今温州瓯北客运码头）是个景点？

葛维瑛：对，是清朝时期的景点，对着规划的中心干道。

李　浩：葛先生，您刚才讲的几个城市——酒泉、兴平和温州的规划有苏联专家指导吗？

葛维瑛：没有，那时候苏联专家已经都回去了。最近我的女婿去温州玩，照了相回来给
我们看，照的就是这个景点，还挺漂亮的。我主要做的就是这三个地方——酒泉、
兴平和温州。

四、对苏联专家和苏联模式的评价

李　浩：城市设计院当年有不少苏联专家，您对他们印象如何？

图 5-19　副院长易锋、李蕴华与苏联专家库维尔金合影（1958 年）
注：韩振华（左 1）、库维尔金（左 2）、易锋（左 3）、李蕴华（右 2）。
资料来源：李桓提供。

李　桓：对的。当时我们是专家体制，每个单位都要设专家办公室，专家的每件事都
　　　　必办。每个专家都配有专职翻译，专家下组审图、开会的时候，翻译随时口译，
　　　　随时记录。院里很重视这些专家，他们的意见会逐条翻译并整理上报。

李　浩：您和他们接触得多么？

李　桓：除了水电工程和管线综合方面的专家，其他的我都有所接触。他们每周有
　　　　三四天到院里工作，穿着什么的都很注意。每位专家都很真诚、友好。库维
　　　　尔金（图 5-19）好几次辅导我们组改图，他人很好，经常埋头就在图纸上改改
　　　　画画几个小时，一直站着。他自己看得过去了，才和我们简略解释为什么这么改。
　　　　玛娜霍娃是清华大学建筑系苏联专家阿谢普可夫的夫人。她很爱说笑，对我们
　　　　就像自己子女一样关心、疼爱。1957 年，她还辅导了呼和浩特的规划，和我们
　　　　一起去当地踏勘。一次，归善继主任带我们去她住的西郊宾馆看望她，她高兴
　　　　得手舞足蹈，拿出好多大花生和雕花西红柿招待我们。在呼和浩特的时候，她
　　　　住在宾馆，我们去她住处商量工作。她知道我们洗澡不便，便叫我们每个人轮
　　　　流到她卫生间洗了个热水澡，不分男女，谁不洗都不成。
　　　　还有经济学家什基别里曼，这个人严肃得很，他听汇报的时候，对每个数字都
　　　　刨根问底，一丝不苟，院审方案的时候，他讲话很有分量，一锤定音。

李　浩：后来苏联专家都回国了。

李　桓：国际风云突变，专家走是必然的。

李　浩：您对苏联的规划模式有什么看法？

葛维瑛：对苏联规划模式的认识，最主要的印象就是人口计算是从苏联学过来的。基本
　　　　人口、服务人口，被抚养人口需用带眷系数来计算。这个计算方法对于新兴的
　　　　工业城市还是可以参考的，但对于有比较多基础的旧城市不好用。
　　　　另外，现在科技发展比较快，规划要适应未来科技发展变化。像道路，将来可

能有无人驾驶汽车，也可能会有发光的道路等。这些变化都很快，对规划都有影响。规划是规划未来的，要能适应新的形势，谁知道 15 年以后什么样。听说现在还有在玻璃上涂一种很薄的薄膜就可以发电的技术。我在手机上看到正在用一栋楼做实验，不知道是真的、假的。如果是真的，搞好了以后用电就太方便了。

还有现在住宅强调垂直绿化。现实当然不能全盖平房，但要求楼上每户有户外场地，这对住宅设计的影响就比较大，对详细规划的影响也比较大。所以规划要适应发展变化。

李　桓：从理论上来说，苏联专家传授的规划原理的政治色彩比较重。他们把其他国家的一些东西，像城市无政府发展和规划靠统计学吃饭的说法批得一无是处，所有的推荐指标都是苏联的硬性规定。但是，那个时候，国内的实际情况是我们连要规划的城市的基础资料都缺乏，工作重点在布置工业项目上。这些理论难免有"水土不服"的地方。所以，当时做的项目经常碰到一些实际问题，都要紧急突击协调，没有时间深思熟虑，我们来不及对城市未来发展的趋势形成全面、深刻的见解。

五、三年不搞规划时期下放陕西省建筑设计院

李　浩：1960 年 11 月，曾经提出过"三年不搞城市规划"，你们怎么看？

葛维瑛：我觉得规划本身没有什么问题，是应该做的。马路过宽，标准过高，那是人为的。受当时"大跃进"的影响，不能怪罪于城市规划工作，三年不搞规划本来就是不正确的。规划本身还是应该做的，没有规划，将来建设没有指导。1961 年 6 月我们就下放西北局了，后来调到勘察院和陕西省建筑设计院。

李　浩：当时去陕西的好像还有常颖存先生。

葛维瑛：对。

李　浩：在西安的时候，你们有没有参加过"五七干校"？

葛维瑛：没有参加过。但当时陕西省设计院有个农场，我们要轮流去劳动。

李　浩：当时还有"四清"运动，你们参加了吗？

葛维瑛：也没有。

李　桓：下放的时候，组织就信任我了，途中有三四个党员，但是让我背着档案，叫作"档案在，你在"。到那儿把档案交了，签字，再完事，很信任。

李　浩：您当时去的是不是说是要在西北成立的城市设计院——"西北分院"？

葛维瑛：不是。

李　桓：在西安，由洪青代管我们。他是西北院总工。

葛维瑛：陕西省建筑设计院成立了一个规划室。

李　桓：对，当时我们是搞规划的，去的时候，设计院没有规划室，我们去了才有规划室。

傅舒兰：能具体谈谈当时的情况么？

李　桓：魏盈川是长征干部，他家在陕北，后来当过陕西省设计院的院长、书记。石玉是军代表、部队干部，后来去东北了。

张贺当时是规划室的正主任，张贺主任去参加城建部的会议和建工部的会议。他也带着我们参加了一些工作会议，让我们写稿子、做记录。还有一个是金顺涛，他是陕西省建筑设计院政治部的主任，这个人是海南岛老侦察兵出身，他人也很有趣，在工作中教了我许多方法。

然后说说我们工资的事，1956 年的时候，我的工资是 72 元钱，1961 年下放到西安，1973 年时我的工资是 74 元钱，属于技术十九级，1979 年有人回家的时候问及工资，说是 76 元钱了。后来要查档案的时候，当时城建部的档案锁在百万庄那里，我们主任董兴茂的老婆说只有谁的一句话才能查。后来需要找这个人的批文，我们叫档案库刘寿春查的档案，这一查档案才查清楚底子，我们已经算四级技术员，这都已经过了十二年半了。查完之后，我们回北京的时候把档案又带回了西安，最后康处长批示工资从当月补发，以前的都不补。十二年半不少钱呢。

李　浩：您说的查档案，是在哪一年的？

李　桓：从 1961 年开始算十二年。

李　浩：那就是 1973 年了。

李　桓：后来规划室就撤销了，我们并到了建筑设计室。还好原来在学校学的时候，有点建筑基础，转得也比较快，只是没有画过施工图，有人教教施工图怎么画就行了。规划设计室教我画施工图的两个"师傅"，一个叫徐恩堂，一个叫陈兆南。后来徐恩堂到海南岛，陈兆南到嘉兴去了。

葛维瑛：规划工作撤销以前，设计院并到国家计委 300 人，后来困难时期又都下放了。国家计委有个指标，领导说下放的 300 人，正好是搞城市规划的 300 人。

李　桓：当时正好丈母娘家住在南礼士路，王文克家也在南礼士路南边，是国务院宿舍，从南礼士路到他家很方便。我回家平均 4 年一次，17 年就算 4 次。每次到王文克家去，他都喜欢信口开河跟我们讲北京的事儿。

王文克参加过"一·二九"西安运动，他的讲话最吸引人。北京城市设计院二楼转角处的位置是规划局，又是设计院，两家单位，当时还是开自由论坛的地方。王文克在那个房间里可以拿一个小纸片发挥，讲国内外大事，规划讲的多。其中最主要的是对"三年不搞城市规划"很有意见，他觉得规划培养 300 人不容易。

李　　浩：王文克先生在 1960 年代从规划局调到了文化部，后来又从文化部到了国家工商行政管理总局。他为什么调去文化部？您清楚吗？

李　　桓：不清楚。

李　　浩：王文克先生还是中国城市规划学会的创办人，1956 年在中国建筑学会下成立了城市规划学术委员会，他是第一任主任委员。

李　　桓：关于"三年不搞城市规划"这件事，讲起来确实应该总结下经验教训，把城市规划当作"左"倾冒进和计划失误的"替罪羊"，其后果是取缔了近代社会不可缺少的城市规划事业和好不容易组建起来的城市规划队伍，使城市规划早于"文革"浩劫六七年就遭受了冲击、破坏，给国家建设埋下极大隐患。

六、调回天津工作的经历

李　　浩：葛先生，你们到天津工作是在哪一年？

葛维瑛：1977 年 6 月。

李　　桓：我们 16 年后才调回天津。怎么回来的呢？北京有个人叫马泉，马泉找名额，夏宗玕牵头。赵勇是西北设计院方面帮忙的人，他想办法帮我们回天津。最后是西北院给的名额。

所以那时候我们二人都回天津了。我去找王文克，王文克听说我回来了，说给我写了好多介绍信。那天晚上他留我吃饭。他爱人叫郭彤，级别比他高。郭彤说他热情过分了，他说一点不过分。那次就是他给我写的介绍信给天津市规划局的领导。后来他已经在工商行政管理局的时候，到天津去自由市场，碰到我和周干峙，老同志感情好，他跳到我们车里来，后来也一块儿讲城市规划这些事儿。

李　　浩：您两位回天津，是在同一个单位工作吗？

葛维瑛：我们到天津以后都在天津规划局。规划局下面有个规划学校，属于中专学校，后来就把我调到规划学校当副校长去了。

李　　浩：李先生，1977 年到天津规划局的时候，您主要是负责哪方面的事情？

李　　桓：我先到郊县处，后来到规划处，再后来到科技处，什么都搞，总工、副总和处长，职位很杂。

葛维瑛：在郊县处的时候，大港区副区长看他是清华大学毕业的，想提拔他当副区长，他说什么也不干，我说你要是当副区长现在都是局级干部了，他觉得他是技术干部，当区长什么事儿都得管。

李　　浩：葛先生，您当校长是哪一年？

葛维瑛：我到天津以后，1977 年。

李　　浩：学校的全称是？

葛维瑛：学校的全称是"天津市规划学校"，属于中专性质，由天津市规划局领导。

李　浩：您去天津的时候，学校已经有了么？它是哪一年成立的？

葛维瑛：学校是 1976 年成立的。那时候因为大学基本都不招生了，不招生以后好多规划局都没有了生源，所以当时好多局都自己成立学校、培养人才。我们 1977 年去天津的时候，学校在小平房里。过了一两年，才重新在设计院旁边盖了小楼，正规一些。

当时规划学校有个书记是从建设部下放去的，他担任过建设部人事处处长。他下放到天津以后，就被安排到规划学校当书记。1960 年，北京城市设计院办过一个华侨学校，我就在这个班里教过课。所以我调到天津以后，天津规划局的人一看我教过课，就和我说到学校去吧。我开始是副校长，过几年提了正校长。我当校长的时候，规划学校有规划专业和建筑学专业，还有结构专业。结构专业时间短一些。当时周干峙下放到天津，当规划局的局长。他建议我们在规划学校设立一个干部的大专班，培养规划人才。为什么呢？他说，规划局里有太多在职的年轻人，没有学过城市规划，没有学历，不是专业人员。我就给办了这么一个班，三年制毕业。他当时还跟我说：你们教学水平要达到我们班在清华那种水平就行了。我们当时属于中专学校，发不出大专文凭，所以，发的是建材局职工大学的文凭。当时学校里除了我，还有一两个清华毕业的老师，主要得外请老师。所以，我还请了一部分在其他部门工作的清华校友来兼课。另外，我们离天津大学很近，我也请了天大建筑系的老师来教。他们很愿意来，离我们那儿又不远，所以请老师还算容易。

李　浩：听说周干峙先生也去学校讲过课？

葛维瑛：他在天津待的时间不长，我印象中他没来讲过课。

李　浩：我们正在整理周先生的文集，他的手稿中有一份在天津城市规划学校的讲稿（图 5-20），看到这个稿子的时候我还不知道这个学校的背景。

葛维瑛：他不是正式兼课老师，可能只来办个讲座。有时候，我们也请规划局的人来讲住宅设计。有一次去部里正好碰到他，因为周干峙让我们搞了这个班，我就给他看这个班的毕业设计，他说不错不错。

我这几天一找，还找到了当时的一些照片。这组照片是一个班的毕业设计，做的是福建的大田规划（图 5-21）。当时我们请的天大老师中，有一位叫陈瑜，他是福建人，给我们联系的福建大田。正好毕业那年有一个规划局青年设计竞赛，他们都参加了。这次竞赛最后得一等奖的是我们学校的青年老师（王小荣），天大毕业的。二等奖的五个全是我们那个班的学生。

所以说，我们班的质量不错，老师质量不错，再加上他们自己努力。因为都是在职，在规划局工作过，知道规划是怎么回事，接受规划知识就比年轻学生强天津城市规划学校首届城规干部培训班开学了。首先向本届二十三位学员表示祝贺。祝贺你们在党的加强职工培训的方针指引下，有机会能脱产得到深造。其次我还要表示欢迎，欢迎在我们的队伍里将要增加新的生力军。这一点作为老的城市规划工作者，心情是非常高兴的。我是52年开始从事城市规划工作的。回想当时，在全国学过规划，知道规划是怎么回事的，实在没有几个人。国家成立城建机构后，从设计院抽调，从建筑界转行，开始建立了城规队伍。我就是学了建筑分配到搞规划的。后来发展很快。到59、60年最高峰全国规划工作人员达8000人左右。同济大学两年来培养了800多人。(清华、天大等也在二三年前开门的，培养的人也很少。)文革期间中机构散了。曾萎缩到全国三、四千人。国家规定后，还要要求每万城市人口要1个规划人员。这在世界上还是极少的。但全国1亿几城市人口还差1300人。而现在专业培养的学校全国只同济一个学校。(重庆？)(另4个院校地理)所以别看我们这学校小，人数少，在全国还数二数三。还大有前途。所以我也想借这个机会谈点想法，和同志们谈谈如何同心协力来办好这届培训班。现在办好一件事，首先要有比较正确、比较一致的认识。我想主要谈两个认识问题，一是关于我们这个专业的特点，一是关于怎样学好这个专业的特点。也就是说，一是要认识到城市规划是一门古老而年轻的科学，是一种艰巨而宏伟的事业。从事城市规划是要有点精神准备的。

1

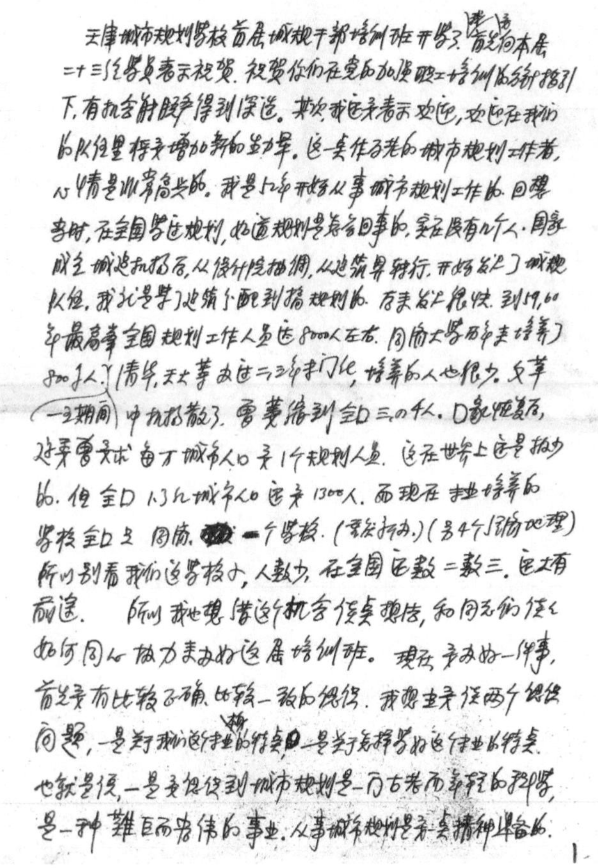

图 5-20　周干峙先生手稿：在天津市规划学校的讲稿（1981 年年初）
资料来源：中国城市规划设计研究院收藏。

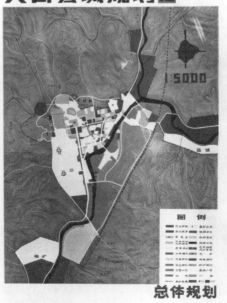

图 5-21　天津市规划学校参加青年设计竞赛的作品
资料来源：葛维瑛提供。

图 5-22　天津市规划学校学生
讲解毕业设计作品
注：沈玉麟（左2）。
资料来源：葛维瑛提供。

图 5-23　天津市规划学校学生
向沈玉麟先生讲解毕业设计作品
注：沈玉麟（左）。
资料来源：葛维瑛提供。

得多。这张照片是学生讲解作业，这位叫刘长湖，他后来是汉沽区规划科的人。
我们这儿好多学生，后来都提了干部，有能力（图5-22）。

这张照片是天大建筑系的沈玉麟教授（美国留学回来的），在给这个班的学生
评图（图5-23）。

李　浩：《外国城市建设史》这本教材是沈先生写的。

葛维瑛：我们清华班毕业答辩的时候请他来过，他认识我们俩，后来我们回天津以后拜
访过他。他（沈玉麟）本来还想把我们俩调到天大规划组去，后来规划局不放人。

李　浩：您当上正校长是在哪一年？

葛维瑛：正好是我出车祸那年，1989年，我从天津去北京办事，要到人民大学商量合办
一个"土地班"。坐的是天津规划局的汽车，到了北京建国门立交桥上，司机不熟，
上错了路口，应该绕回来重新上，但要绕很远。他一看没什么车，就来了个左转，
没想到正好和一个开得很快的军车撞上了。我和另外一个女同志坐在汽车的后
头，正好撞的是汽车的后头，把我们的小面包车后挡板给撞开了。我被甩到立

交桥上去了，另外一个女同志也折了几条肋骨，我们俩受伤都比较重。那是在 1989 年 2 月，受伤之前上头刚发了文，让我全面管理学校工作，结果不久就出了车祸。

李　浩：您当校长一直当到 1993 年退休？

葛维瑛：不是，1989 年出车祸，我住了半年院，就上不了班了，而且当时我已经 57 岁了，超过 55 岁的退休年龄了。我出车祸不久，我们学校就撤销了，没有人管，而且当时也没什么必要了，因为大学又开始陆续招生了。局里的局长说，我是因为车祸不能上班，所以待遇、资历按 1993 年退休对待。

后来，城市规划设计院第二次成立。我为什么没能回去呢？这跟我当校长有关系。跟我配合的学校的书记是从局里下放天津来的一位人事处处长，不久他就回局里去了。恢复的时候，想把我们俩调回去，不管怎么说，我们是在清华大学学这个专业的。结果他们就派那个书记到天津来要我们。现在设计院老的干部都跟我说，他那个时候张不了口，最后虚晃一招就回到城市设计院，说天津规划局不放。规划设计院的老人都知道这个事儿。结果就因为这个，我们俩就没回去。

李　浩：您两位到天津工作的时候，刚好天津在搞灾后恢复重建，对这项工作有什么印象么？

葛维瑛：我们没有参加过，所以没有什么印象了。

七、退休后参与河源规划

李　浩：你们两位都是 1993 年退休的吗？

李　桓：对。

李　浩：听说你们后来还去过深圳？

葛维瑛：对的（图 5-24）。当时深圳设计院的院长是清华毕业的，委托天津的校友会找两个搞规划的，帮他们搞河源规划。刚好那年我们俩退休，就找到我们俩了。去河源市做完规划，汇报完以后，有一个深圳设计二院的职工想拉些人出来自己搞设计室，找不到人，就想让我们参加他的设计室。我们学的是建筑设计，不只是规划。我们就同意了。所以，我俩退休以后就上他的设计室搞了三年，一直到 1996 年。

李　桓：说到河源市规划，我们是搞规划的老手，河源市原来又没有规划，所以搞得蛮隆重的，电视台也来报道。我们这炮打响了。看着不错，那个职工就劝我们干脆不要在天津了，到他那里工作。我一口就答应了。这个人叫陈春杏，那时候给我的工资是 4800 元钱。

葛维瑛：那时候我在天津联大还有工作。做完河源规划，先回来了一阵，后来才又去的。

图 5-24 李桓先生与葛维瑛先生在深圳的一张留影（2008 年前后）
资料来源：李桓与葛维瑛提供。

天津联大这事也值得一提。它的全称是天津联合业余大学。当时，天津规划学校是二年制的，只能发中专文凭。有一次，我们一些清华的、南开的、浙大的校友聚在一块儿，聊着聊着觉得应该办一个大学，后来申请被教育部批复了。我们就办了这么一个学校，民办性质。1983 年开始正式招生，刚开的时候有很多专业，聘请了清华、南开和原来的北大校友当老师，我担任建筑专业主任。再后来，很多大学恢复了招生，我们在 1996 年就停办了。我记得当时有些年轻人在我们这儿上课，拿了大专文凭后，考上了二级注册建筑师。当时一级、二级注册建筑师一起学习。他们在餐厅碰到我们老一辈建筑师都来祝酒，特别开心，我也很欣慰，觉得这个学校办得有意义。

李　浩：那现在又怎么到杭州来了？

葛维瑛：跟着女儿走的。我们俩退休后身边没有子女了。三个孩子，儿子在上海，大女儿在加拿大，小女儿在杭州。身边没有子女，有个病什么的怎么办？就到杭州来了。

李　浩：杭州这边环境很好，特别是你们住的这一带（良渚文化村）就更好。谢谢你们的指教（图 5-25、图 5-26）！

（本次谈话结束）

图 5-25　访谈工作现场留影（2018 年 8 月 25 日）
注：浙江省杭州市余杭区良渚文化村随园嘉树。

图 5-26　拜访李桓和葛维瑛先生留影
注：2018 年 8 月 25 日，杭州市余杭区良渚文化村随园嘉树。

索引

后记

回想与李浩老师结识，是源于规划史研究的共同兴趣。当时在宁波参加中国城市规划学会城市规划历史与理论学委会的年会，李老师就"一五"时期八大重点城市的研究作了精彩的大会报告，我提问请教如何取得和查看相关档案。没想而后能有幸受邀参与在杭老专家的访谈工作。若从第一次参加访谈开始计算，期间陆续回访、补充材料、整理图片文稿等，历时一年有余。能在短时间内顺利展开工作、结集成稿，主要归功并受益于李浩老师把在前期工作中积累的丰富经验无私分享，以及他严谨自律的学风鞭策。

访谈使我有了更为直接接触第一代城市规划工作者，了解新中国建立后城市规划工作的展开过程的机会。第一代城市规划工作者，应时而生、迎难而上、迅速打开局面的魄力与人格魅力，随社会发展变动而呈现出各为不同走向的人生际遇，或让人深受感染、或让人唏嘘不已。许多老专家也在访谈中提到了，虽然在工作当时总是面向未来在做考虑，但现在想来，如果能有适时的总结和回顾，会使城市规划工作做得更好。想来这也是本次口述工作的根本意义所在。能为此基础工作出一份力，实为荣幸，也有成长。是记。

傅舒兰

2018 年 11 月 11 日

于韩国首尔大学奎章阁研究院